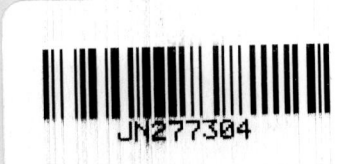

目で見てわかる

穴あけ作業

Visual Books《ビジュアル・ブックス》

河合利秀 著
Kawai Toshihide

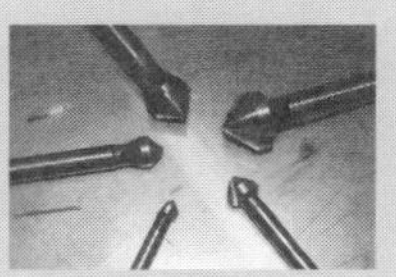
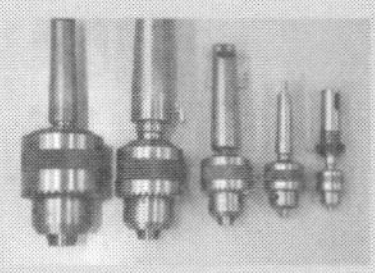

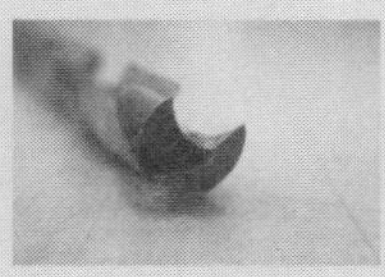

日刊工業新聞社

はじめに

本書では、前半では穴あけ作業の機械装置や刃物工具などを紹介し、後半では実際の穴あけ作業を例にベテランの職人さんが軽々と行っている加工のノウハウを順次紹介しています。さらに第9章ではドリル刃先の再研磨という少々高いハードルの「手わざ」を紹介して、穴あけ作業の全般を俯瞰(ふかん)できるようにしました。

私は長年、名古屋大学の理学部で機械工作実習を取り組んできました。なぜ理学部が機械工作実習なのかと問われれば、「『誰もつくったことのない装置』をつくって、はじめて『誰も見たことのないもの』が見える‥それが理学という学問だから」と答えます。

理学部は工学部とは異なり、機械工作の専門的な勉強はしていません。むしろ素人です。その素人が、いきなり「世界ではじめて」の観測装置をつくろうとするわけですから大変です。

そんな素人に、私は「ものづくりの面白さ」を伝えようと思ってきました。私の「機械工作実習」は、金属加工が初体験の学生さんに、金属が金属を削るとはどういうことかを体験させ、ドキドキワクワクしながらその一瞬を迎える、そのときの感動を大切にしています。学生さんは自分の研究で使うものを考えるところから始め、自分で設計したものを自分でつくります。旋盤やフライス盤、ボール盤の安全な使い方を学びつつ、実際に「つくる」ことを課題としています。ドリルから出る切りくずがフラクタル現象ではないか、ハンドルの上手な締め方は力学の演習だよ・・・などと、目の前で起きている現象を目で見て感じて、そして考えていきます。

穴あけ作業は一見単純で、簡単そうに見えますが、なかなか奥が深く、難しいものです。その難しさは電気ドリルで鉄骨に穴を開けてみるとわかります。狙った位置に、正確に穴を開ける難しさを知ることになります。しかし、町工場のベテラン職人さんは軽々と手早く正確に、そして美しい穴をあけてくれます。

しかし、素人の理学部の学生さんは、見事なまでに必ず失敗をする。その失敗から「何がダメで何が良いのか」を考え、次に進めるように手助けすることが私の役割だと考え、学生さんと一緒に「ものづくり」をすすめてきました。そして、学生たちは数年もすれば天体望遠鏡の専門家として世界一の大望遠鏡プロジェクトを牽引している。そんな成長の第一歩が、卓上ボール盤の穴あけ作業であればなおさら面白いではありませんか。

本書は私と一緒に「ものづくり」の第一歩を踏み出した学生さんとの共同作業による産物だともいえます。

本書が、皆さんの「ものづくり」と「人づくり」に少しでもお役にたてれば幸いです。

2013年2月　河合利秀

目で見てわかる「穴あけ作業」—目次

第4章　穴あけ作業のツーリング
―ドリルチャック、バイス、クランプなど―

第5章　穴あけ作業のコツと勘どころ

第6章　フライス盤による穴あけ作業

第7章　旋盤による穴あけ作業

第8章　電気ドリル
—実は難しい電気ドリルによる穴あけ—

第9章　ドリルの再研磨

ひとくちコラム

第1章

穴あけ作業「ことはじめ」

1-1 穴あけ作業とは

穴あけ作業で最も一般的なのは**図1.1**の卓上ボール盤、**図1.2**はホームセンターで売られているドリルセットです。卓上ボール盤は町工場には必ず1台はあります。私たちの大学でも実験室の片隅にあります。小形卓上ボール盤はホームセンターでも買えます。このように身近なボール盤なので、簡単に使えるのではないかと思われがちです。

最近人気の「鉾楯《ほこたて》対決」というTV番組に「史上最強合金」VS「スーパードリル」の対決がありました。この対決は超硬合金と電着ダイヤモンドドリルの競い合いとなって、互いに改良を加え、何度も対決しています。そして、双方とも技術開発を進めています。私は毎回わくわくしながらこの番組を見ていますが、穴あけ作業の面白さの一端を私たちに教えてくれます。この「史上最強合金」VS「スーパードリル」の例は、実はほんの一例にすぎません。世の中には、思い通り穴をあけられないことの方が多いのです。「穴あけ」は、単純に見えて実はとても奥の深い加工技術です。

それではなぜ思うように穴あけ作業ができないのか。本書は簡単なようで奥の深い「穴あけ」について、実際の写真を見ながら基本的なスキルが身につくよう構成しました。

図1.1　卓上ボール盤

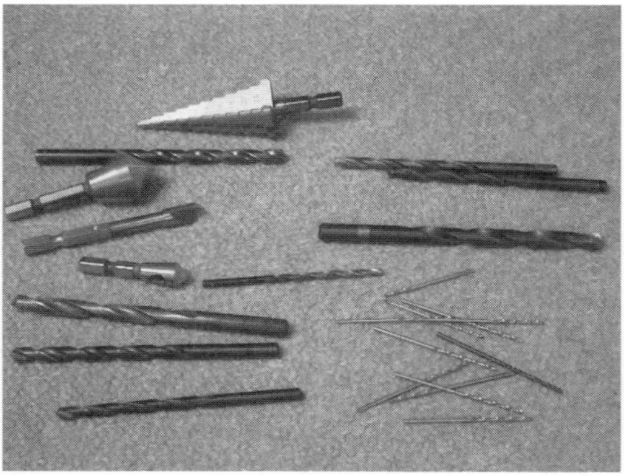

図1.2　さまざまな市販のドリル

最初に、思うように穴あけ作業できない方が多いといいました。それはどういうことでしょうか？

穴あけ作業は、製品の良し悪しを決める重要な作業の1つなのです。

加工物の性質、刃物、工作機械、穴の場所、穴の大きさや深さ、加工面の粗さ、真円度など、機械の部品として機能するために実現しなければならないたくさんの要件をすべて満たして、はじめて「穴あけ作業ができた」ことになります。日曜大工のように、とにかくその辺に穴をあけばよい…ということではないのです。

それでは、一般に軽く見られがちな「穴あけ作業」について、ものづくりの現場（町工場や大学の実験装置づくりなど）で実際に遭遇した事例を参考に、どのようにしたらよい穴あけ作業ができるかを皆さんと一緒に考えていきましょう。

図1.3および**図1.4**は、それぞれ私の工作室で行った穴あけ作業です。ここでつくられた部品は世界最先端の研究で使われています。

ここがポイント！

穴あけ作業は単純に見えて奥が深い

図1.3　卓上ボール盤の穴あけ作業

図1.4　フライス盤を使った穴あけ作業

1-2 穴あけ作業の種類

それでは機械加工における穴あけ作業について、どのような種類があるかを整理してみましょう。

(1) ボール盤とドリルによる単純穴あけ作業

ボール盤とドリルを使った最も一般的な穴あけ作業です。小形の卓上ボール盤は本格的な工作機械を使った穴あけ作業であり、ボール盤を使いこなせればほとんどの穴あけ作業ができます。

図1.5は卓上ボール盤を使った汎用穴あけ作業の代表で、小形バイスを使って工作物を固定しています。**図1.6**は直立ボール盤で、複雑な形状部品の穴あけ作業を行えます。

(2) ねじ穴の加工

図1.7はタップを使った雌ねじ穴あけ作業です。先に下穴をあけて、そのあとタップで雌ねじを切ります。

図1.5　汎用穴あけ作業

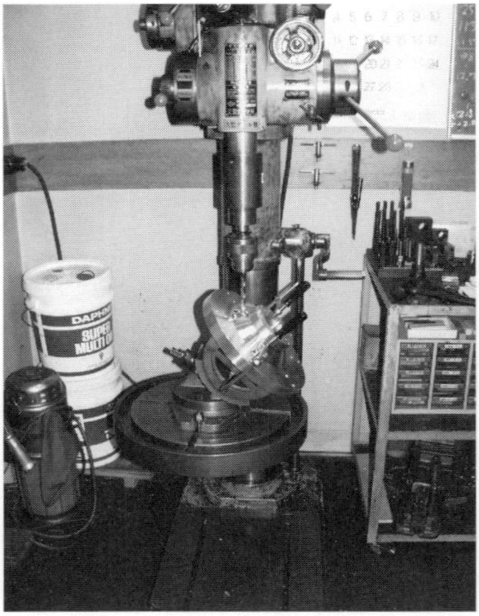

図1.6　直立ボール盤

（3）旋盤を使った精密穴あけ作業

図1.8は旋盤の心押台にドリルを取り付けた穴あけ作業、**図1.9**は中ぐりバイトを使った穴あけ作業です。旋盤による穴あけ作業はねじ加工を含め応用範囲が広く、加工穴直径の精度が高いのが特徴です。

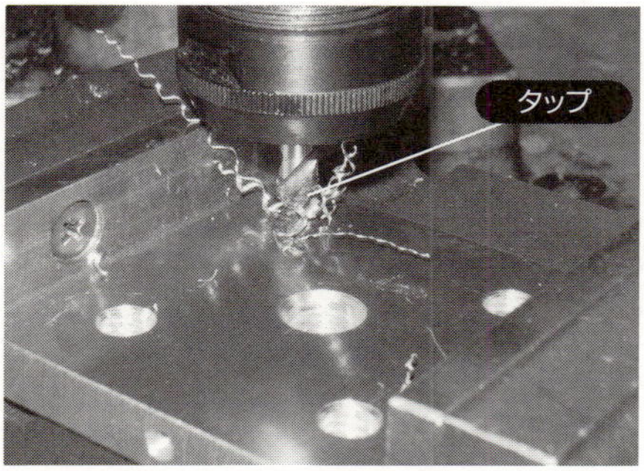

図1.7　タップを使った雌ねじ加工

図1.8　心押台のドリルで加工

図1.9　中ぐりバイトで加工

（4）フライス盤を使った精密穴あけ作業

図1.10はドリルチャックを使った穴あけ作業です。このようにフライス盤のテーブルからはみ出すような大きな加工物も強固に固定できるので安心です。**図1.11**はNC制御を使った穴あけ作業です。このようにイケールを使えば複雑な形状でも強固に固定でき、かつ高精度の穴あけ作業が可能です。

（5） ボーリングツールを使った精密穴あけ作業

図1.12のようなボーリングツールを使うと大きな直径の穴あけ作業ができます。しかし工作物や主軸に大きな力が加わるので、卓上ボール盤では薄板を対象にして回転数を極力下げることが大切です。**図1.13**はマイクロ・ボーリングヘッドを大形ボール盤に取り付けて穴径精度の良い加工を行っています。このマイクロ・ボーリングヘッドはフライス盤の主軸に取り付けることでさらに精密な加工ができます。

図1.10　大物の穴はフライス盤で

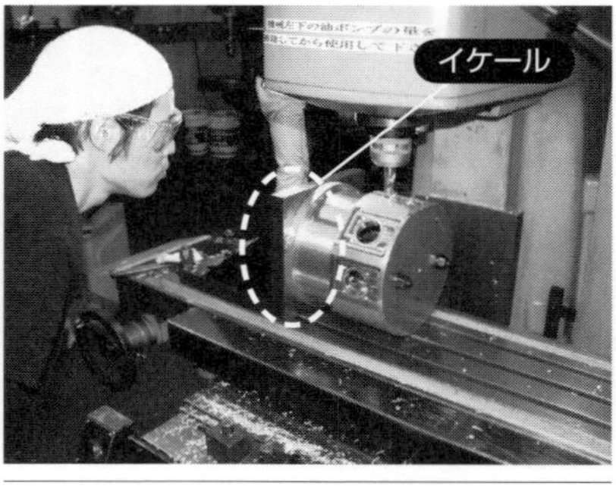

図1.11　NCフライス盤による穴あけ作業

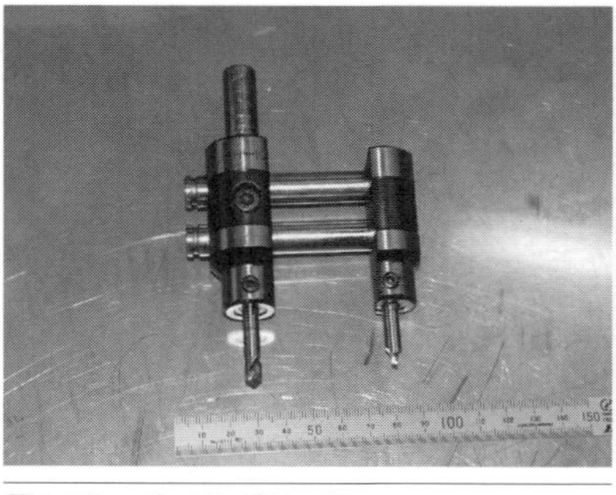

図1.12　ボーリングツール

図1.13　マイクロ・ボーリングヘッド

（6）電気ドリルによる穴あけ作業

電気ドリルを使った穴あけ作業は、屋外や現場作業など、工作機械を使えないときの主力となります。電気ドリルは安易に考えがちですが、使い方を誤ると危険です。工作機械を取り扱うのと同様の注意を払い、屋外では感電にも十分に注意を払います。**図1.14**はAC100Vのコード付き、**図1.15**は充電式の電気ドリルです。

（7）電磁石ベースの電気ドリルを使った穴あけ作業

鉄骨などの大きな構造物の穴あけ作業は普通の電気ドリルでは大変です。このようなとき、電磁石で鉄材にベースを固定する方式の電気ドリルがあると便利です。**図1.16**は「アトラー」、**図1.17**、**図1.18**は「ジェットブローチ」という工具で、大口径穴あけ作業を高速に行うことができます。鉄骨の穴あけ作業では、このジェットブローチが大変便利です。

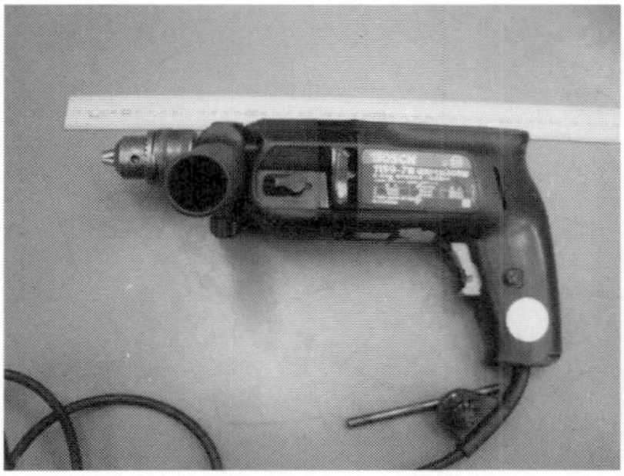

図1.14　AC100Vのコード付き電気ドリル

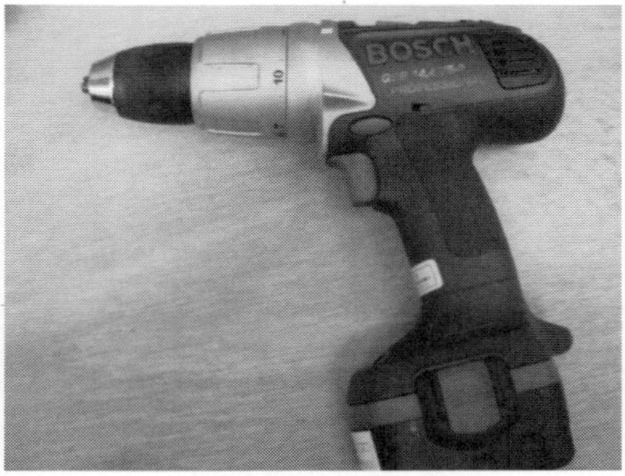

図1.15　充電式電気ドリル

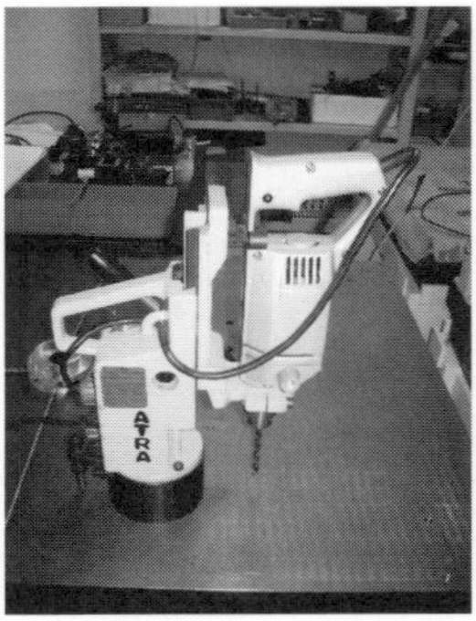

図1.16　アトラー

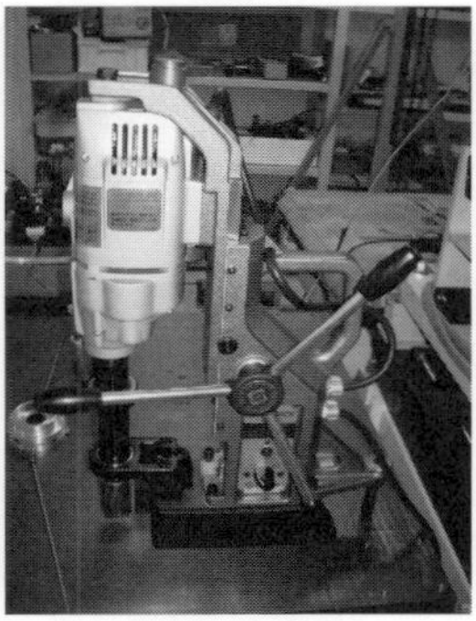

図1.17　ジェットブローチ

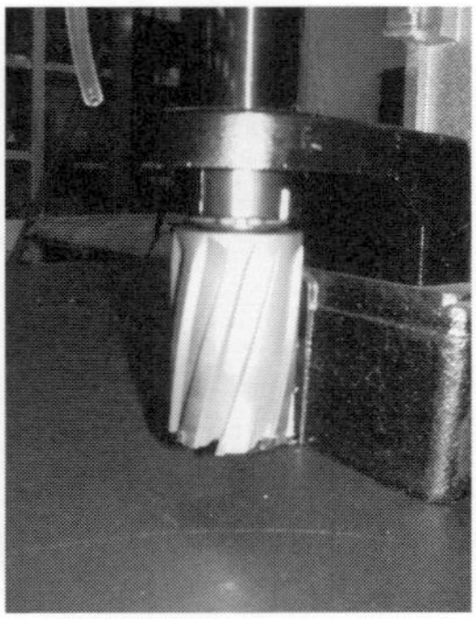

図1.18　ブローチ専用刃物

（8）その他の穴あけ作業

①超音波加工機を使った穴あけ作業

研磨砥粒を併用し、ガラスやセラミックスなどの脆性素材に穴をあける方法。ダイヤモンドドリルを使うと普通のボール盤でも穴あけ作業可能です。

②放電加工を使った穴あけ作業

型彫放電加工の応用で、微細加工も可能です。

③特殊な装置を使った穴あけ作業

以上紹介したほかに、レーザ、電子ビーム、イオンビーム、ショットビーズなどで普通のドリルでは不可能な穴あけ作業を実現できます。

ここがポイント!

❶電気ドリルは安易になりがちだが工作機械と同様の注意が必要
❷AC100Vの電気ドリルは感電に注意
❸電磁石式ベースの電気ドリルは鉄骨の穴あけ作業に便利

1-3 穴あけ作業で使う機械や工具

次に、穴あけ作業で使う機械や工具を整理してみましょう。以下のように4種類に分けることができます。

（1）刃物工具

穴あけ作業といえばドリルです。**図1.19**はφ13mmまではストレートドリル（ストレートシャンク・ドリル）、ドリルスタンドに整理するとよいでしょう。**図1.20**は、ボルト頭を隠すための座ぐり加工を行う沈めフライス。**図1.21**は大径穴用のホールソー、**図1.22**はブローチリーマです。この他に、ダイヤモンドドリル、ジェットブローチ、エンドミル、センタードリル、コンクリートドリルなどさまざまな刃物工具があります。

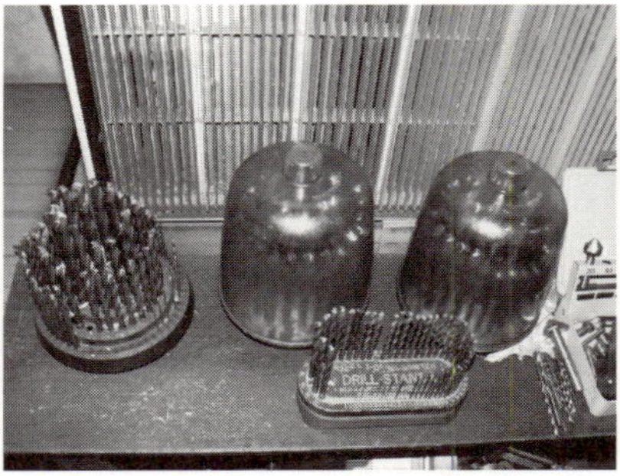

図1.19　各種ドリル

図1.20　沈めフライス

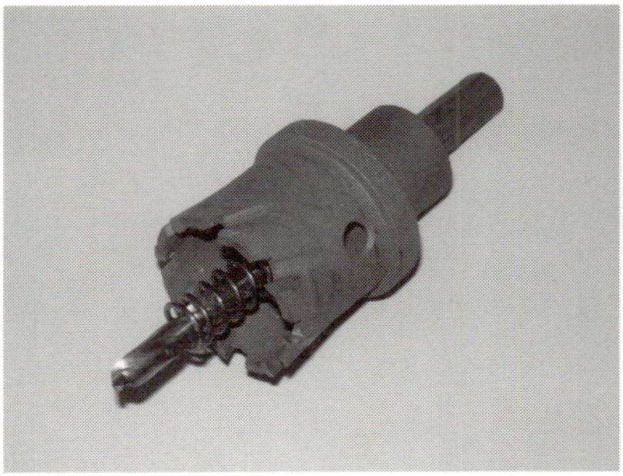

図1.21　ホールソー

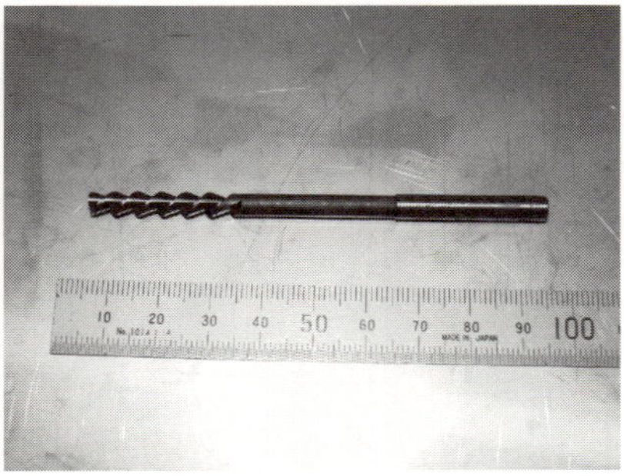

図1.22　ブローチリーマ

穴あけ作業の刃物工具は第2章「ドリル」で詳しく述べます。ここにあげたのは卓上ボール盤で使える刃物工具の一部です。

（2）工作機械

①-②で紹介したように、穴あけ作業で中心的な役割を果たすのは**図1.23**の卓上ボール盤です。テーパシャンクドリルやボーリングツールを使うには**図1.24**の縦形ボール盤が必要です。旋盤（**図1.25**）やフライス盤（**図1.26**）はそれぞれ特徴をいかした穴あけ作業ができます。手回しドリル（**図1.27**）や電気ドリル（**図1.28**）も機械の仲間に入れてもいいでしょう。

図1.23卓上ボール盤

図1.24　縦形ボール盤

図1.25　旋盤

図1.26　フライス盤

（3）刃物を固定する工具（ツーリング）

工作を行うときに刃物工具を強力に固定するツーリングが重要です。**図1.29**はドリルチャックです。この図のようにチャックハンドルを使ってドリルを強固に掴みます。**図1.30**はハンドルのいらないドリルチャックで、トルク調整機能もあり、小形の電気ドリルによく使われてい

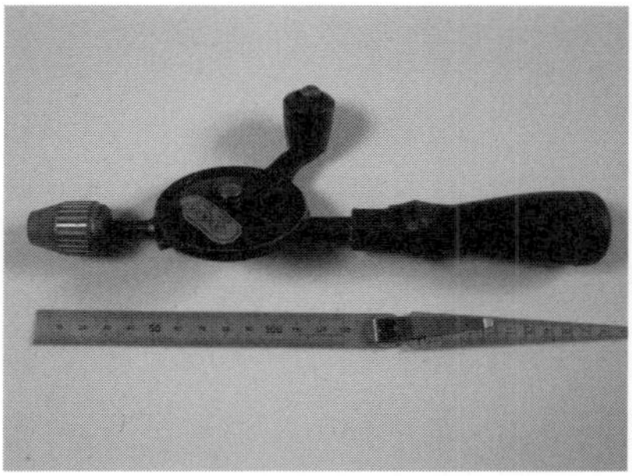

図1.27　ハンドドリル（手回しドリル）

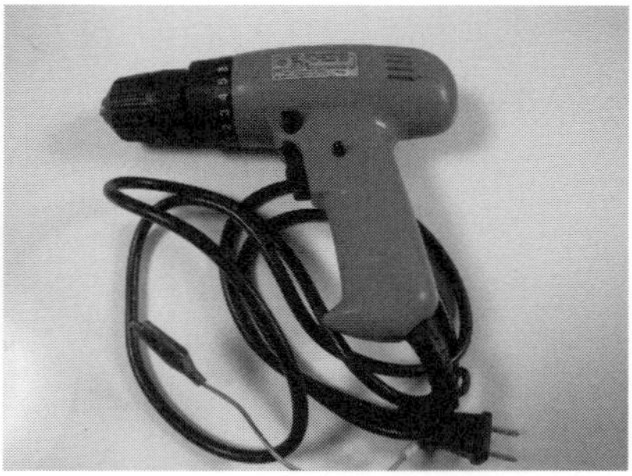

図1.28　小形電気ドリル

図1.29　ドリルチャック

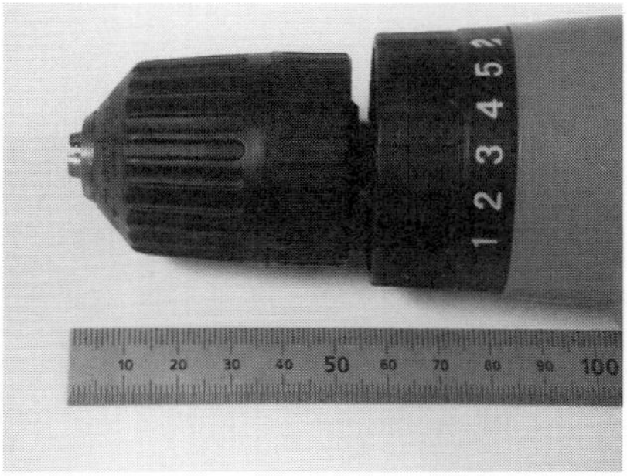

図1.30　オートチャック

図1.31　マイクロ・ボーリングヘッド

図1.32　ジェットブローチ

ます。

ボーリングツールは旋盤と逆でバイトを回転する軸に取り付ける工具です。**図1.31**に示す「リング」を回すとバイトの位置が1回転につき1mm左右に動きます。バイトの位置を調整できる機構によって精密な穴あけ作業ができます。

図1.32のジェットブローチは専用のツーリングとなっており、取り外しリングを回すと刃物(ジェットブローチ)が外れます。装着は刃物をこの部分に押し込むだけです。

(4) 工作物を固定する工具

小さい部品はバイス(**図1.33**)で固定します。ボール盤では小形のヤンキーバイスがよく使われます。F形クランプ(**図1.34**=フリークランプ)やしゃこ万力も使います。

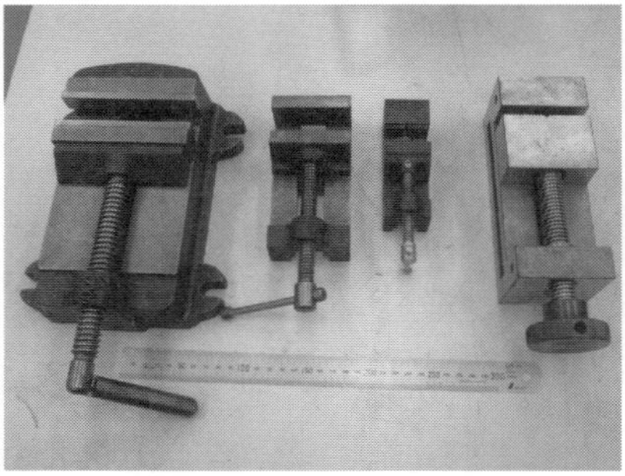

図1.33 さまざまな小形バイス

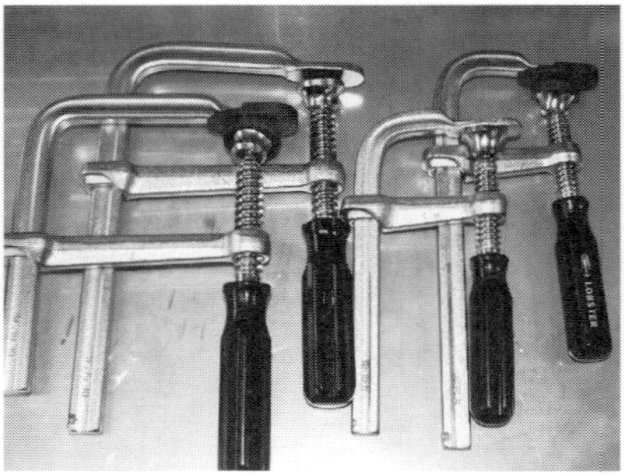

図1.34 F形クランプ

図1.35 イケール

図1.36 Vブロック

図1.35のイケールや図1.36のVブロックを上手に使うと工作物の固定方法が格段に広がります。

ここがポイント！

❶穴あけ作業では工作物をしっかり固定する方法を考えることが重要（図1.37）
❷穴あけ作業は機械と工具に分けて考える

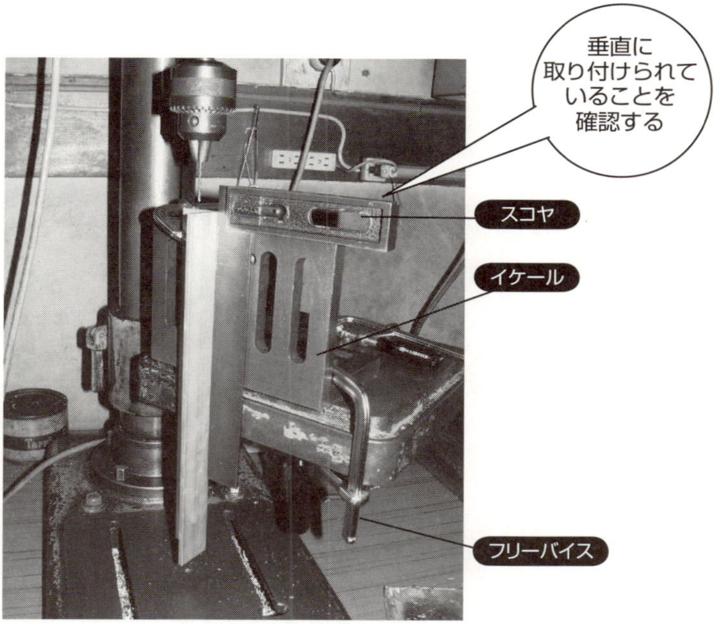

図1.37　イケールをフリーバイスで固定して穴あけ作業をする

ひとくちコラム

身近にある「穴あけ」作業

自動車や飛行機も、超高層ビルディングも鉄工の穴あけ作業です。テレビの電子回路も液晶パネルもプラスチックスのケースも穴あけ作業なしにはつくれません。本書はその手ほどきの役割を担っています。こうした「鉄工」以外に、私たちの周りにどのような穴あけ作業があるかを考えてみましょう。

まず最初に思いつくのは「木工」です。日曜大工でお馴染みですね。小中学校の家庭科で本棚を作った人は多いと思います。釘や木ねじを使うだけでなく、錐《きり》を使って穴をあけたり、糸のこで飾り穴を付けたのではないでしょうか。

土木建築ではコンクリートやアスファルトに穴をあけることがあります。井戸掘りや温泉掘りも穴あけ作業ですね。地面に穴をあけるトンネル工事は最も大がかりな穴あけ作業といえるでしょう。

ちょっと前に大きなニュースになった「チリ鉱山の作業員」救出のため、地下深くまで穴をあける機械と技術者が世界中に注目されました。

ちょっと目を転じると、実にさまざまな穴あけ作業があることに気が付きます。そんな目で時々私たちの身の回りを見回すと、思わぬ発見があると思います。例えば「勾《まが》玉《たま》」。昔の人たちはきれいに磨かれたメノウや水晶の隅の穴はどうやってあけたのでしょう。現在のような便利な機械や刃物のなかった時代です。気の遠くなるような時間と根気のいる作業だったにちがいありません。そんなことを考えるのも楽しいです。

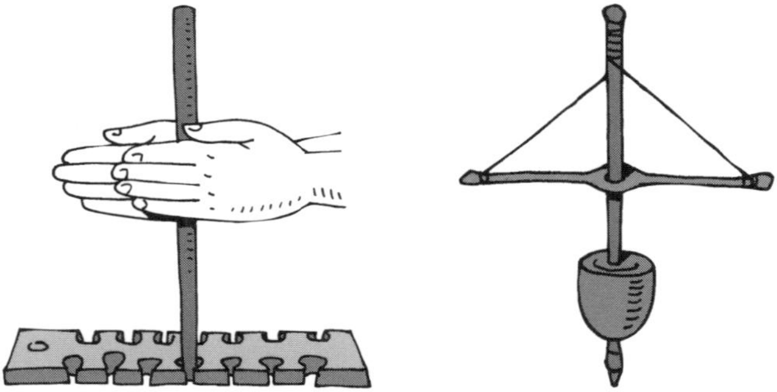

昔の穴あけ作業と道具

第2章

ドリル

刃物工具の代表選手

2-1 穴あけ作業で使う刃物工具:ドリルの諸元

まずはじめに、鉄鋼用の標準ドリルについて詳しく見ていきましょう。ドリルの先端は複雑な形になっています。この形にはそれぞれ意味があります。その意味を知ることでドリルの使い方も知ることができるのです。

図2.1はφ6.5mmの標準ストレートドリルです。図のように刃先からねじれ溝があり、シャンク部分は精密な円筒形になっています。

この章では穴加工で使う刃物工具の代表であるドリルについて解説しますが、一口にドリルといっても多くの種類があり、どれを使ったらよ

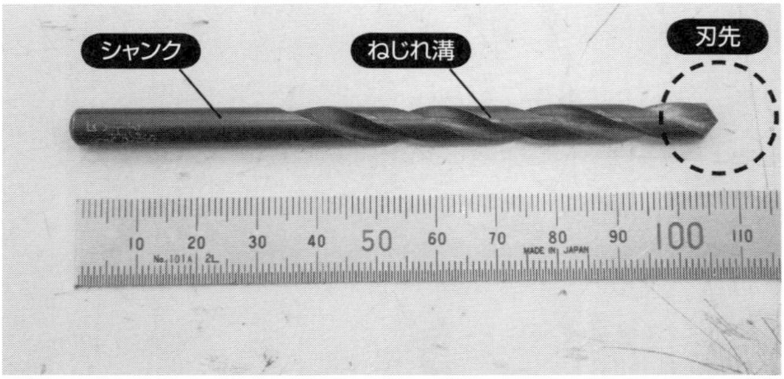

図2.1　標準ストレートシリル(φ6.5mm)

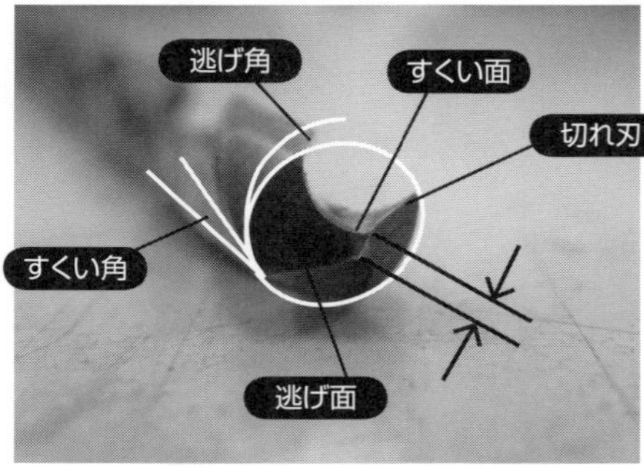

図2.2　ドリルの刃先

図2.3　標準ドリル(スタンド)

いのか迷うほどです。さまざまな種類のドリルについて紹介し、その特徴と使い方を解説します（**図2.2～図2.8**）。

ドリルの刃先が消耗・破損した場合は再研磨します。ドリルの再研磨ができれば貴方はもう「穴あけ名人」です。第９章で「ドリルの再研磨」について解説しますので、チャレンジしてください。

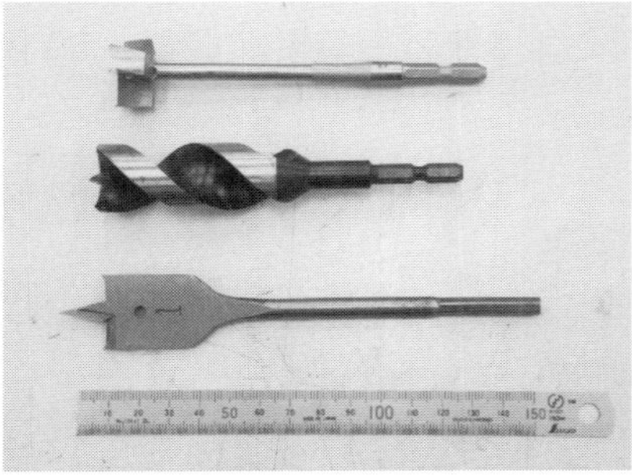

図2.4　木工用ドリル

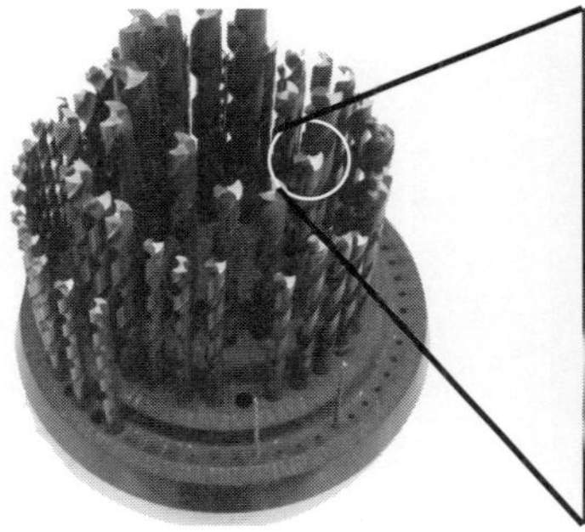

図2.5　蝋燭（ろうそく）ドリル（スタンド）

図2.6　蝋燭ドリルの先端

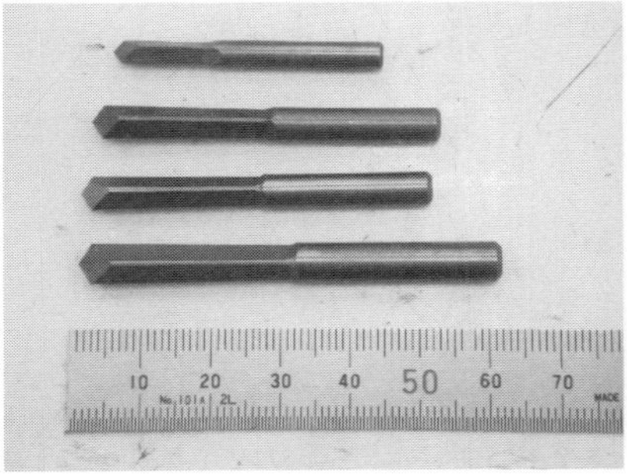

図2.7　ハードドリル

図2.8　スタブドリル（短ドリル）

（1）標準ストレートドリルとテーパシャンクドリル（図2.9）

標準ストレートドリルはφ0.5mm以上で、ドリルの掴み部分が真っすぐな棒状です。これに対し、13mm以上でシャンク部分がモールステーパになっているものをテーパシャンクドリルといいます。

標準ストレートドリルは刃先先端が118° となっています（**図2.10**）。これは「鉄」を加工するのに適した角度です。鋳鉄《ちゅうてつ》や真鍮《しんちゅう》は先端角を130° 程度に大きくし、軟らかい銅やアルミニウムは先端角を100° ～90° と小さくします。

（2）ロングドリル

標準ストレートドリルでは届かないような深い位置に穴加工をする場合は、ロングドリルを使います（**図2.11**）。**図2.12**はφ3.3mmの標準ストレートドリルとロングドリルです。

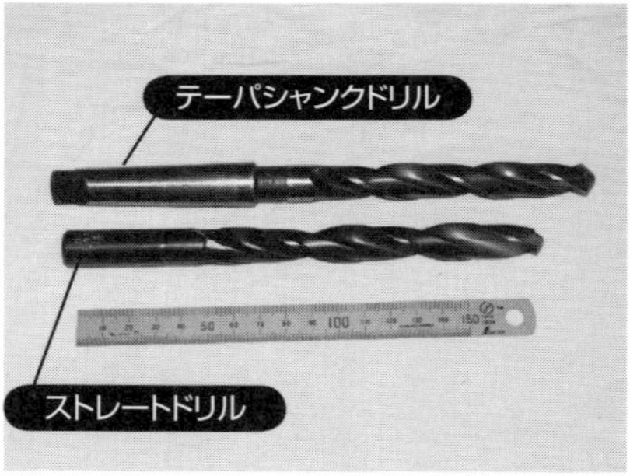

図2.9　テーパシャンクドリルとストレートドリル

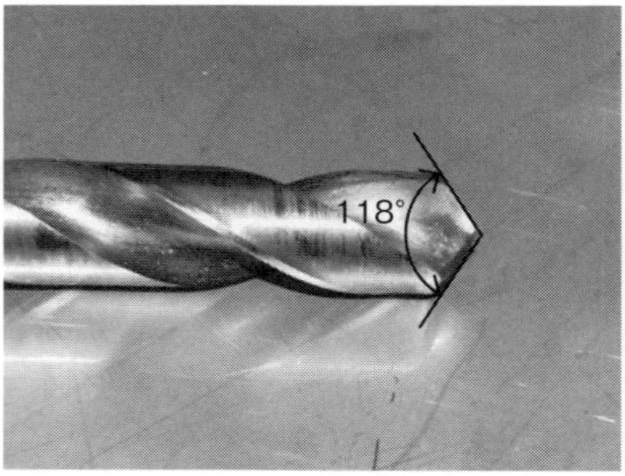

図2.10　標準ストレートドリルの先端角

図2.11　ロングドリルによる穴加工

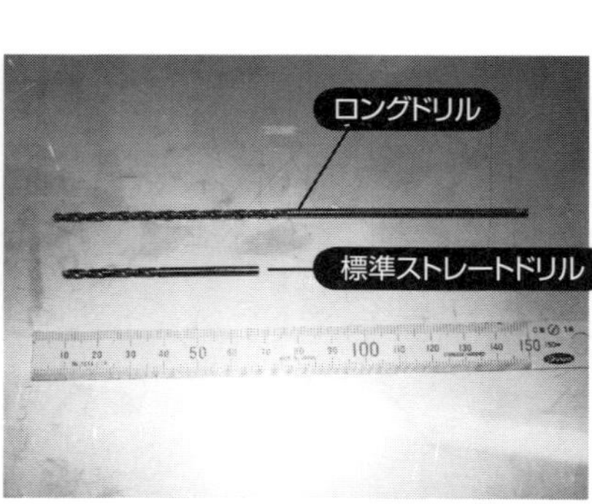

図2.12　ロングドリルの長さ

(3) ルーマ形ドリル

1mm以下の小径穴加工はドリルチャックの把握性能の問題もあり、刃先直径によらず、シャンク部分を1mm(3mmもある)一定として操作性をよくしたルーマ形ドリルがあります。**図2.13**はφ0.05mmのルーマ形ドリル、**図2.14**は、天文観測で用いる観測装置の光学経路を検査するためのマスクをつくるときのものです。0.1mmのリン青銅の板にφ0.05mmの穴を25個あけたもので、ルーマ形ドリルと高速ボール盤を使いました。先端が極端に細いのでスピンドル操作のレバーに手ごたえがないため、切りくずの出る様子を拡大鏡で見ながら行いました。

(4) センタードリル

図2.15のセンタードリルはドリル先端の位置決めを正確に行うためのもので、**図2.16**のように旋盤やフライス盤で穴加工をする場合は必ず行います。

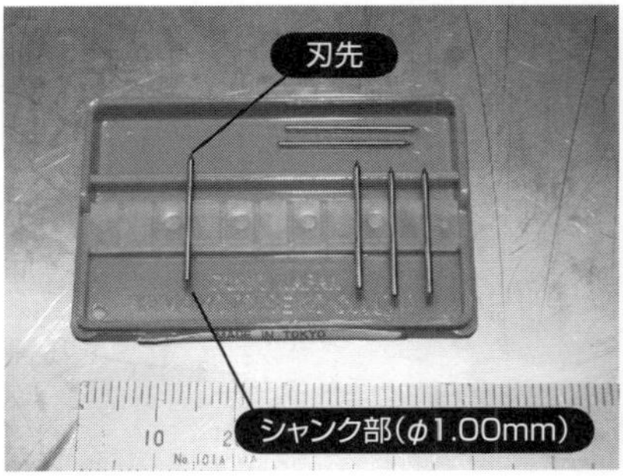

図2.13 ルーマ形ドリル

図2.14 ルーマ形ドリルの加工例

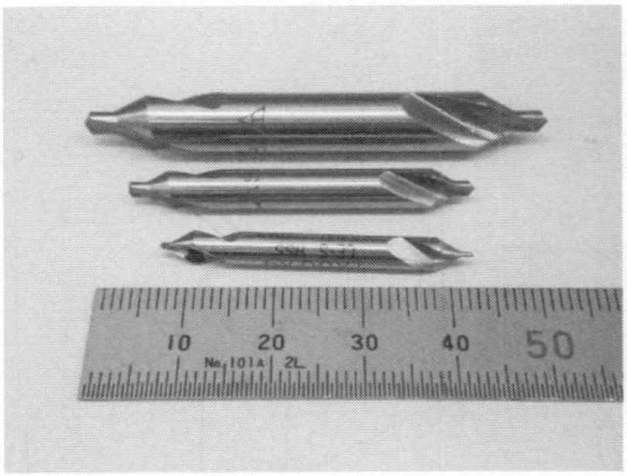

図2.15 センタードリル

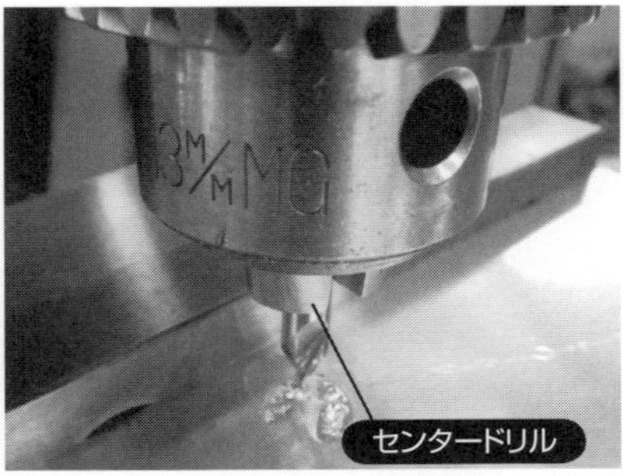

図2.16 センタードリルで中心を出す

（5）超硬ドリルとコーティングドリル

これまで紹介してきたドリルは、すべて高速度鋼（ハイスピードスチール、またはハイスと呼ぶ）製ですが、より固い工作物には超硬合金製のドリルを使います。これを縮めて「超硬ドリル（**図2.17**）」と呼んでいます。同様の目的でハイスのドリルに窒化チタンや炭化チタンをイオンプレーティングで数μm覆ったものを「コーティングドリル」といいます。**図2.18**のコーティングドリルは刃先の摩擦抵抗を小さくする効果があるので、ステンレス鋼などの難削材に有効です。

ドリルやタップの刃先を折損した部分ときに、折損部分も削ってしまう強力なドリルがあります。硬度の高い超硬合金製で、刃先のすくい角をマイナスにとってある一風変わったドリルですが、焼の入ったハイスが折れ残っていても確実にその部分を削ることができます。これをハードドリル（**図2.19**）といいます。

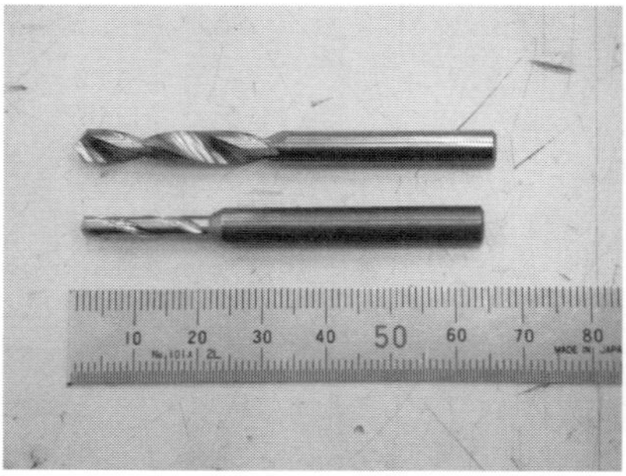

図2.17　超硬ドリル

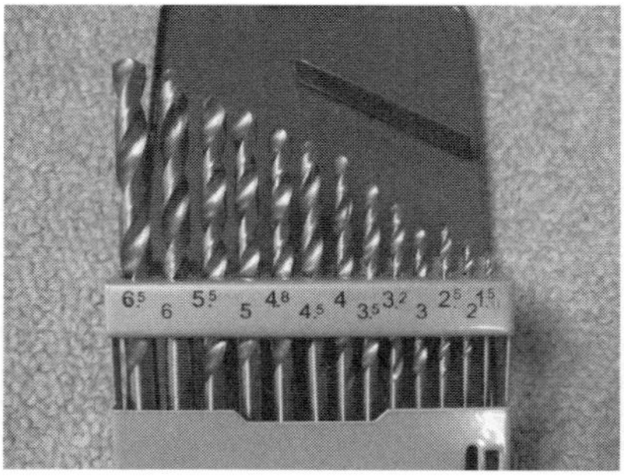

図2.18　コーティングドリル

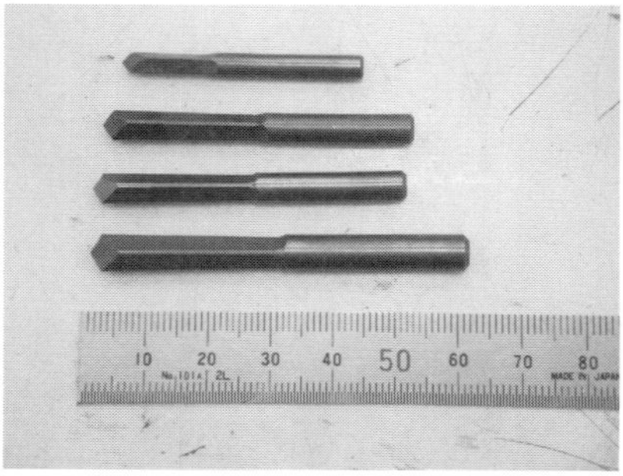

図2.19　ハードドリル

ここがポイント！

❶コーティングドリルはステンレス鋼などの難削材加工に有効

❷ハードドリルは折れたタップやドリルを除去できる

（6）コンクリートドリル

ドリルの先端に高硬度の超硬合金を配置しで、コンクリートや石材に穴加工をできるようにしたものを「コンクリートドリル（**図2.20**）」といいます。刃先のすくい角はハードドリルとよく似ています。

（7）蝋燭《ろうそく》形ドリル

蝋燭ドリル（**図2.21**）は市販されていないので、自分で研削する必要があります。研削の方法は第9章で詳しく解説します。標準ドリルで薄板やプラスチック板に穴加工すると、**図2.22**のように穴の形が悪くなってしまいますが、蝋燭ドリルを使うと**図2.23**のように真円度の良い穴となります。

アクリル板の穴加工はエッジが欠けるので蝋燭ドリルが有効です。

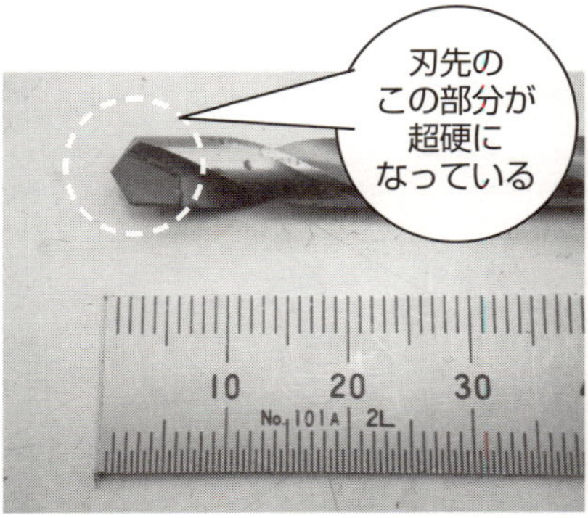

図2.20　コンクリートドリル

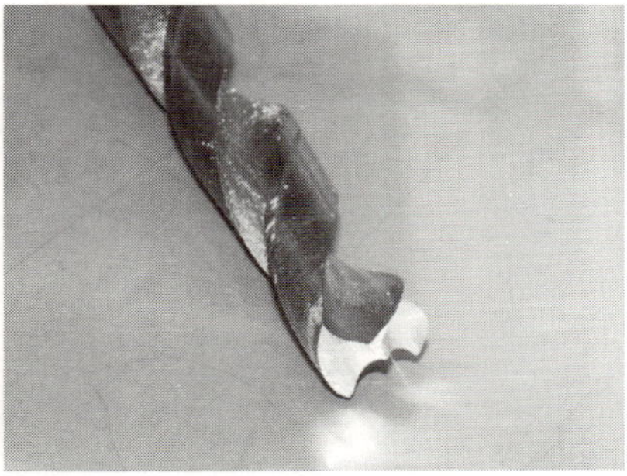

図2.21　蝋燭ドリル

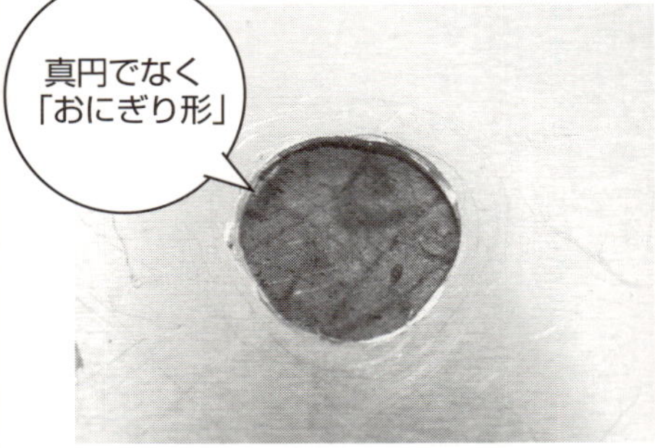

図2.22　標準ドリルによる穴の形状

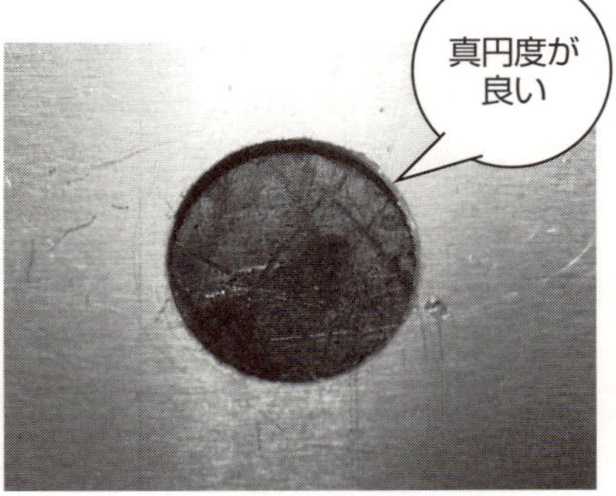

図2.23　蝋燭ドリルによる穴の形状

（8）ノス形ドリル

小形の電気ドリルはチャックが小さく、6.5mmより太いドリルを掴むことができませんでした。こうした小形のドリルチャック用に、シャンク部分を細くしたものを「ノス形ドリル」(**図2.24**)といいます。

最近は小形の電気ドリルのチャックが改良されて13mmまで掴めるのですが、シャンク部分に空回りを防止する工夫がされているので利用価値があります。

（9）スーパードリル

50mm以上の大口径長尺穴あけ作業を強力に行えるのは「スーパードリル(商標)」です。長い柄の先端に板バイトを取り付けたような構造で、

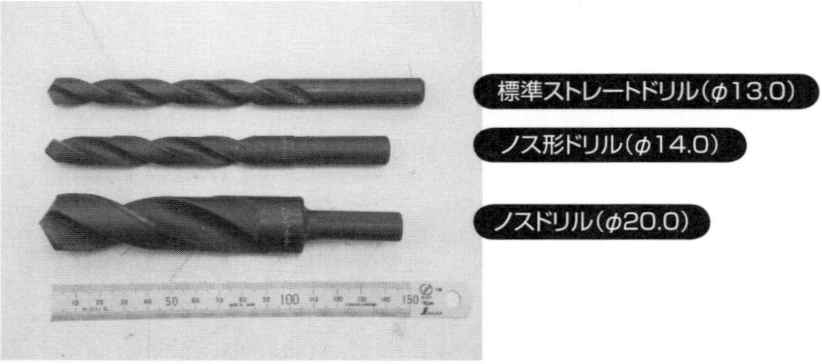

図2.24　ノス形ドリル

図2.25　スーパードリル

旋盤の心押台に取り付けて使います。

図2.25は直径80mmの貫通穴を加工中のものです。切りくずが適当に小さく出るように、刃先が工夫されています。

(10) 段ドリル

図2.26は、タケノコの皮をむいたように段々になった変わった形のドリルです。これを「段ドリル」といいます。

このドリルは薄板専用で、ちょうどこの段ごとに穴の径が変わります。はじめに小さい径の下穴をあけてから、ボール盤で目的の直径の段まで削ります。複数の直径に対応する便利なドリルです。

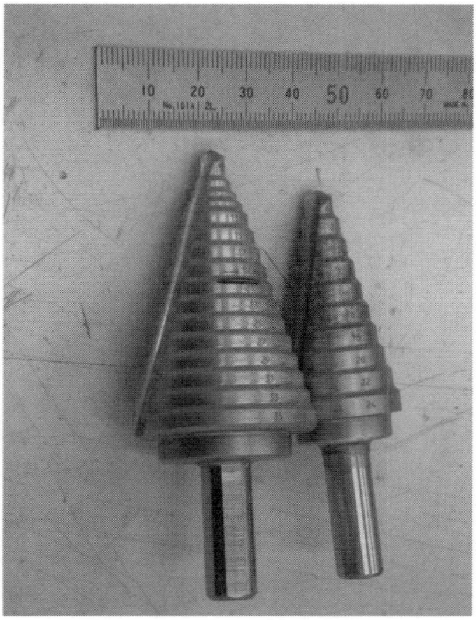

図2.26　段ドリル

ここがポイント!

50mm以上の長尺穴あけにはスーパードリルを使う

2-2 ドリル以外の穴あけ作業用刃物工具

ドリル以外の穴あけ作業用刃物工具は多彩です。①沈めフライスから⑤面取りリーマまでは卓上ボール盤で使う刃物工具です。⑥のジェットブローチは専用の工作機械が必要です。

① 沈めフライス　　② 皿もみドリル
③ ホールソー　　④ ブローチリーマ
⑤ 面取りリーマ　　⑥ ジェットブローチ

これらの刃物工具について順次紹介していきましょう。

（1）沈めフライス

図2.27は、市販の沈めフライスで、右からM3、M4、M5、M6、

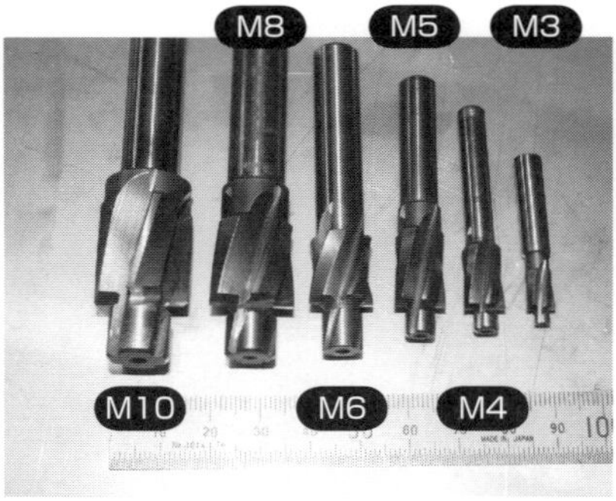

図2.27　市販の沈めフライス

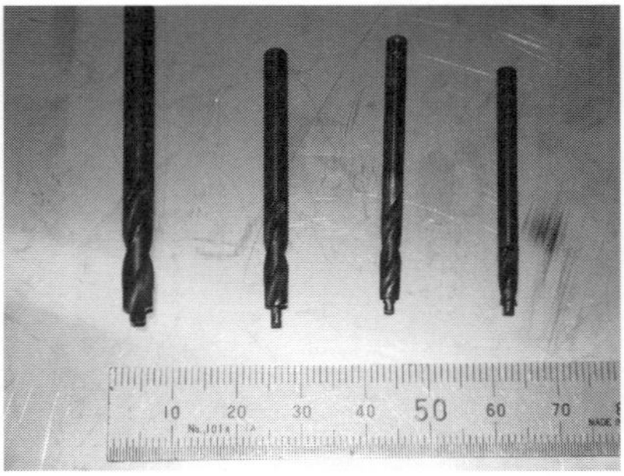

図2.28　自作の沈めフライス

図2.29　M4の沈めフライスの使用例

M8、そして左端はM10です。M3より小さな子ねじ用の沈めフライスは市販されていないので、ドリルの先端を加工してつくっておくとよいでしょう。**図2.28**の右から、M1.7、M2、M2.3、M2.6です。

図2.29は卓上ボール盤ではM4の沈めフライスを使っています。

(2) 皿もみドリル

皿ねじの頭部に合わせた面取りを行う専用の刃物工具があります。面取りリーマを使うこともありますが、中心がずれてしまうことがあります。**図2.30**のように専用の皿もみドリルは中央にボスが付いていて、中心が狂うことはありません。皿ねじの加工例を**図2.31**に示します。

(3) ホールソー

大口径の穴加工に便利なのがホールソーです(**図2.32**、**図2.33**)。大形の電気ドリルでも安全に使えるよう工夫されたものもあります。

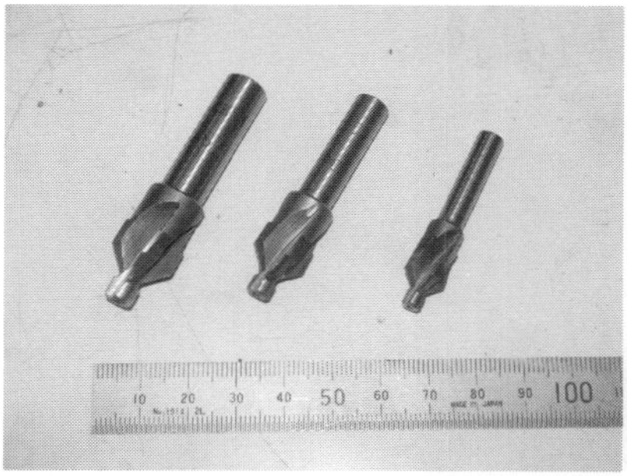

図2.30　皿もみドリル

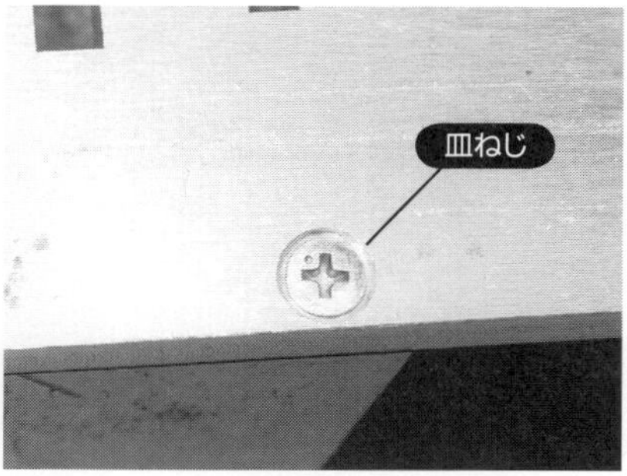

図2.31　皿ねじ加工例

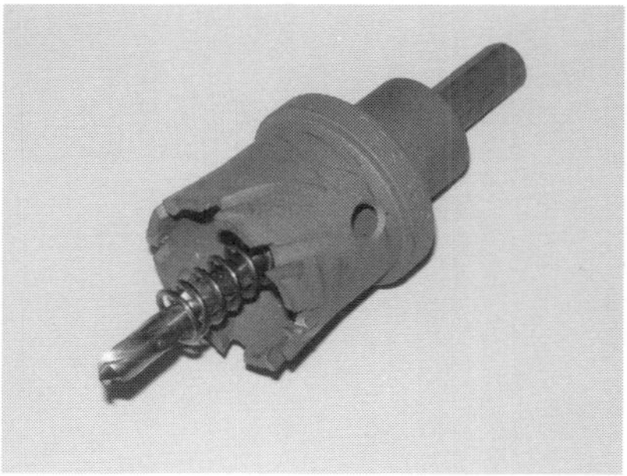

図2.32　φ40mmのホールソー

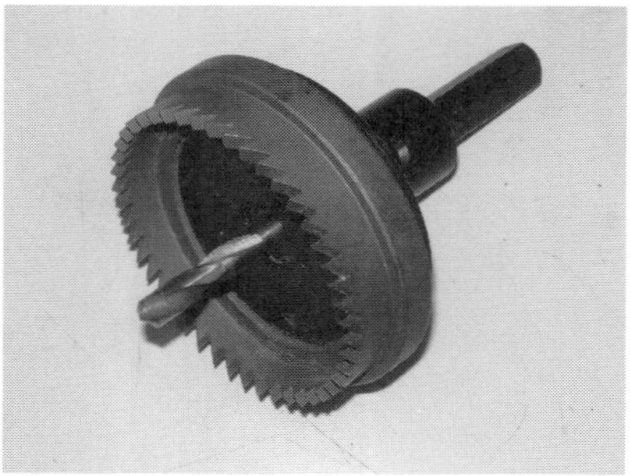

図2.33　φ80mmのホールソー

同じ大口径穴加工でも薄板用のフライカッタは構造が簡単なので昔から使われていますが、これは使い方を誤る可能性が高く、危険な刃物工具です。

ホールソーはボール盤を使って、主軸回転数を低くするのがコツです。大形電気ドリルには無段変速機能をもっているものが多く、中心のドリルがガイドになって中心ずれによる事故を防いでいます。

（4）ブローチリーマ

穴の直径を精度よく仕上げるにはリーマを使います（**図2.34**、**図2.35**）。ブローチリーマはボール盤の高速回転で効率よく仕上げ加工を行えます。ドリルによる下穴あけ作業のあと、リーマを1回通すだけでH7のはめあい精度を実現できます。

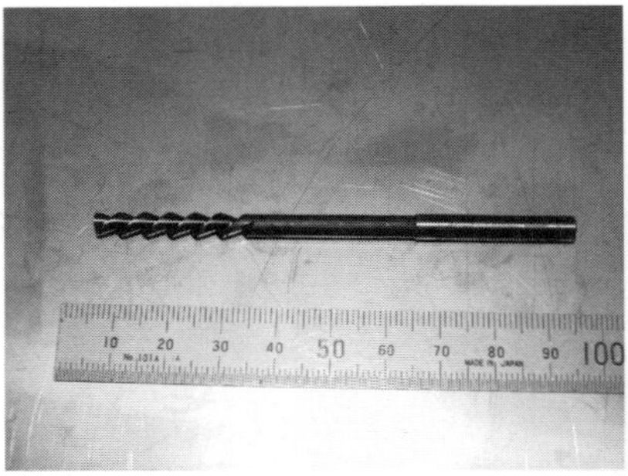

図2.34　ブローチリーマ

図2.35　ブローチリーマの使用例

ここがポイント！

ブローチリーマは1回でH7の穴加工精度が得られる

（5）面取りリーマ（カウンターシンク）

図2.36の面取りリーマ（カウンターシンク）は、**図2.37**のように手回しハンドルに取り付けて手で面取りを行うこともありますが、ボール盤や旋盤、電気ドリルなど、多様な工作機械によって使われます。

皿ねじの面を取る場合、中心がずれてしまうことがあるので、皿もみドリルを使うとよいでしょう。

（6）ジェットブローチ

ジェットブローチ（**図2.38、図2.39**）は効率よく鉄骨に穴をあける専門の刃物と工具の総称です。ジェットブローチ専用の主軸ツーリングと

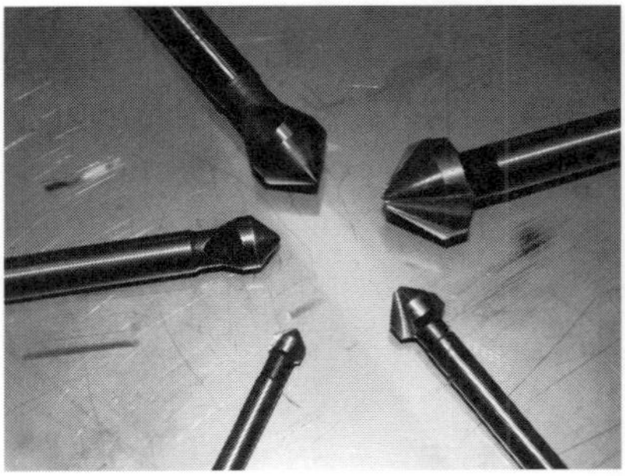

図2.36　面取りリーマ

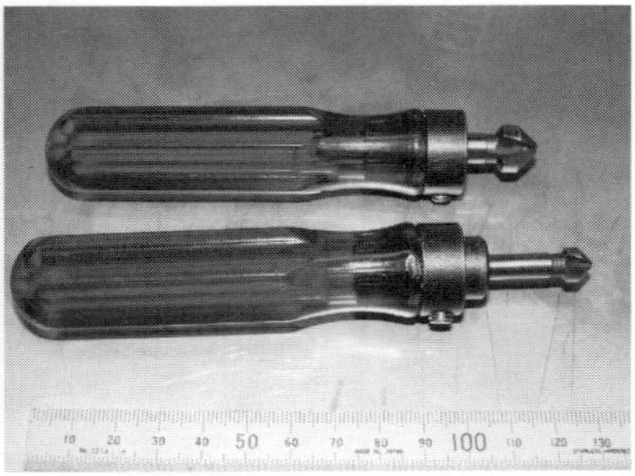

図2.37　手回しハンドル

図2.38　ジェットブローチの刃物

図2.39　電磁石チャック式

鉄骨にマグネット式チャックを装着し、専用の刃物を使います。

私の経験では、屋外で10mmの厚さの鉄骨にφ25mmの穴を約2分程度であけることができました。ジェットブローチの刃物にホールソーのようなボスは付いていませんが、主軸の剛性が高く、安定した加工ができます。

図2.40は南米チリのアタカマ高原（標高4800m）にて、ジェットブローチを使って鉄骨に穴をあけているところです。このカッタは高価なので刃先に連続給油できるしくみが付いています。

図2.40　南米チリのアタカマ高原でのジェットブローチによる加工例

ここがポイント！

鉄製の大形装置や部品の穴あけ作業はジェットブローチが便利

2-3 薄金の穴あけ作業で使う工具

大学の実験室ではパネルや板に穴をあける機会が多くあります。実験装置の電子回路を入れるアルミニウム製の箱やケースは1mm程度の薄い板でつくられていることが多く、こうした薄板に上手に穴をあける技術が不可欠となります。

これまでのボール盤を主体とした穴加工からちょっと離れて、板金《ばんきん》の刃物工具もここでまとめて紹介しましょう。

(1) ハンドリーマ

これは1/20のテーパリーマよりも大きな角度のテーパになっているリーマで、小さい穴を広げる役割をもっています。日本製のリーマはアマチュア対象が多く、良いものが少ないのですが、**図2.41**のスイス製ハンドリーマは切れ味もよく、プロ仕様にも十分耐えます。

(2) シャーシパンチ

図2.42シャーシパンチはアルミニウム薄板用で、人間の手の力でも十分に大きい穴があけられるようにした工具です。シャーシパンチの主軸ねじが通る下穴をあけて、そこにパンチの刃の部分とダイの部分がかみ合うように入れ、ねじを締め上げます。

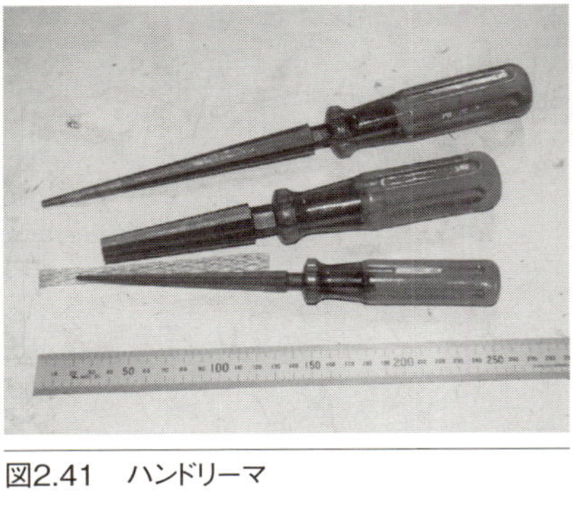

図2.41　ハンドリーマ

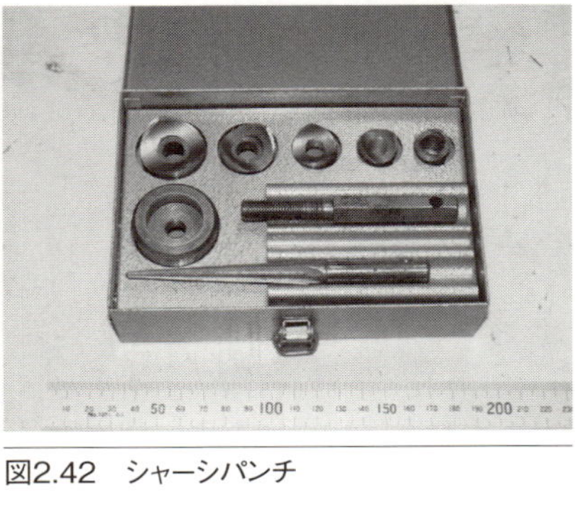

図2.42　シャーシパンチ

2-4 ボーリングツール

穴加工はドリルや類似した刃物工具が中心ですが、ボーリングツールやボーリングバイトについても簡単に紹介しましょう。

マイクロ・ボーリングヘッドの使い方については第4章ツーリングで詳しく解説します。

ボーリングバイトはマイクロ・ボーリングヘッド（**図2.43**）に用いるもので、旋盤のバイトとは違ってシャンクが丸棒となっています。

図2.44のフライカッタは中心のドリルと円周上に薄いカッタを配置したもので、自由に直径を選べるのでとても便利です。しかし、加工径を大きくすると、回転数が下がらない卓上ボール盤では切削速度が速くなりすぎて危険です。安全性を考慮せず安易に使われがちですが、刃物の剛性が低く、加工物をしっかり固定できない場合や、手持ちの電気ドリルで使うのは絶対やめてください。

図2.43　マイクロ・ボーリングヘッド

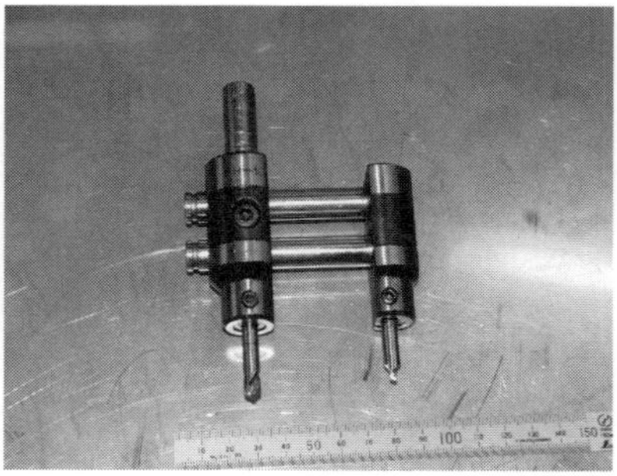

図2.44　フライカッタ

2-5 ボーリングバイトと中ぐりバイト

旋盤による穴あけ作業（**図2.45**）は、すべて「中ぐりバイト」（**図2.46**）を使います。一般的に旋盤用バイトのシャンクは角棒ですが、シャンクを丸棒にしたものを「ボーリングバイト」（**図2.47**）と呼びます。

スロアウェイタイプのボーリングバイトは、旋盤でも使えるように上下に平面をもっています。最近は小径のスロアウェイタイプのチップが多数のメーカーから発売され、十分実用性の高い領域に達しています。

図2.45　旋盤による穴あけ作業

図2.46　中ぐりバイト（完成バイト）

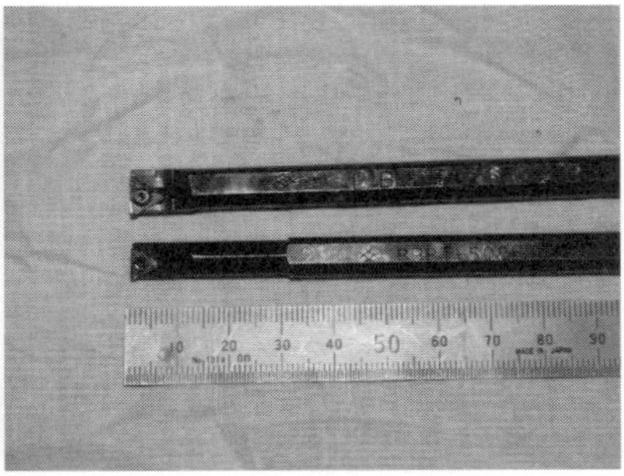

図2.47　ボーリングバイト（スロアウェイタイプ）

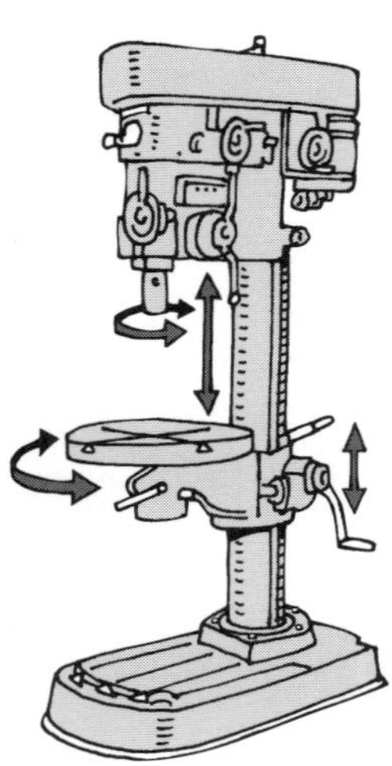

第3章

ボール盤

最も身近な工作機械

3-1 ボール盤

一口にボール盤といってもいろいろな種類がありますが、ここでは大まかに4種類に分けて紹介しましょう。

(1) 卓上ボール盤

穴あけ作業の専用工作機械として最も身近なものはボール盤です。

私が通った中学の工作室には小形のボール盤がありました。技術家庭科のとても熱心な先生がおられて、中学3年の時に真空管式のラジオをつくったのですが、アルミニウムのシャーシにこのボール盤を使って穴をあけたのを、今でも鮮明に思い出します。

私の大学にも多くの実験室にボール盤が備えてあります。実験装置を手直ししたいとき、ちょっとした金属工作をすぐに行えるように、こうした工作機械が備えてあります。

図3.1は作業台や机の上に載せて使える小形のボール盤で、これを「卓上ボール盤」といい、φ13mmのドリルまで使えます。

(2) 縦形ボール盤

これに対し、**図3.2**のように、床から直接立ちあがっている大形のも

図3.1　卓上ボール盤

図3.2　縦形ボール盤

のを「縦形ボール盤（直立ボール盤）」といいます。縦形ボール盤は、テーパシャンクの大きなドリルが使えるだけでなく、自動送り機構や、タップ（雌ねじ穴加工の専用刃物や雌ねじ加工そのものをいう）機能があって、穴加工のスペシャルマシンとなっています。

(3) ラジアルボール盤

大形ボール盤の代表選手は「ラジアルボール盤」です。ラジアルボール盤を備えている町工場も多く、本格的な穴加工を行えるよう広いスペースをとり、ホイストクレーンで大きな工作物を移動できるように配置されています。

ラジアルボール盤は巨大なポスト（コラム）を備え、ドリルを回転させる機構が前後に繰り出せるようになっていて、大きな構造物への穴加工や、大口径の穴加工ができるようになっています。

図3.3のラジアルボール盤は高さが２ｍを超え、ポストの直径は300mmと巨大ですが、穴あけの能力はポストの直径に比例しています。

図3.3 ラジアルボール盤

（4）高速ボール盤

ラジアルボール盤が大きな穴加工を得意とするのに対し、小さい穴を得意とするのが**図3.4**の高速ボール盤です。小形ですがドリルの直径が小さい分だけ高速回転が必要なので、ベースを重くして振動が出にくい構造になっています。

図3.4　高速ボール盤

ここがポイント！

ボール盤には4種類ある

❶卓上ボール盤 …………φ13mmまでの穴あけ作業
❷縦形ボール盤 …………本格的な穴あけ作業、テーパシャンク
❸ラジアルボール盤 ……大口径や大物の穴あけ作業
❹高速ボール盤 …………小口径の穴あけ作業

3-2 卓上ボール盤

卓上ボール盤は身近な工作機械なのですが、第1章で述べたように、その使い方が知られていないので、この章ではボール盤の使い方について詳しく解説したいと思います。まずはじめに、構造の簡単な小形の卓上ボール盤について説明します。

図3.5、図3.6で卓上ボール盤の各部の名称と機能を整理してみましょう。

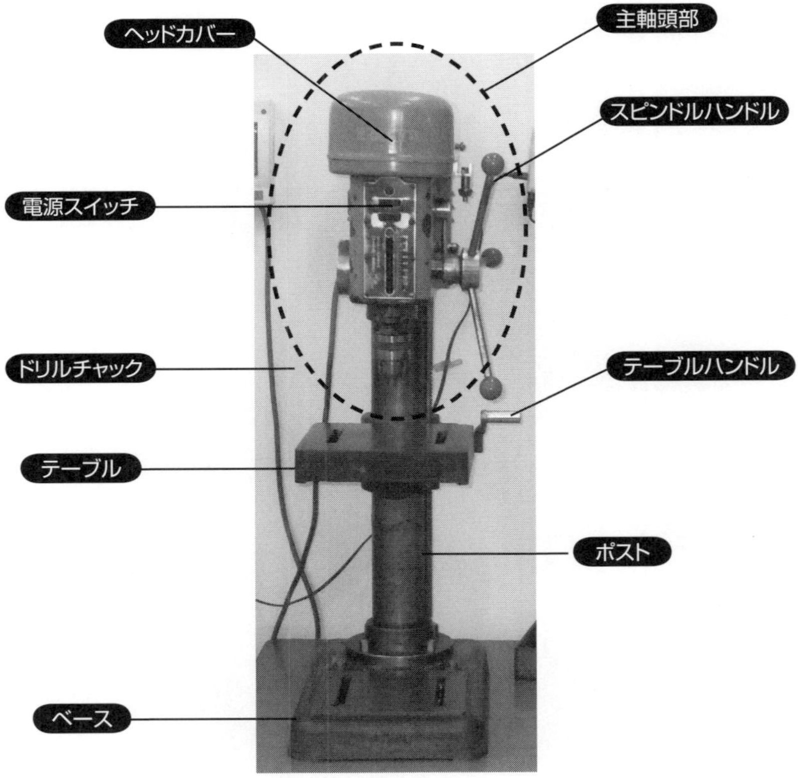

図3.5　卓上ボール盤各部の名称　（全体）

工作物を固定するテーブルは、ポストに沿って上下に動き、かつ旋回します。テーブル上下ハンドルの反対側にテーブルを固定するロックハンドルが付いています。

主軸スピンドルの先端にはドリルチャックが付いており、スピンドル上下ハンドルによって上下に動きます。この位置は主軸頭部正面の目盛板と矢印で見ます。目盛板の下にあるねじ機構でスピンドルの下限を決め、穴の深さを一定にすることができます。

主軸頭部の後ろにモータがあり、ヘッドカバーをあけるとスピンドルとモータをつなぐベルトとプーリがあります。回転速度の変更はモータ固定レバーを緩めてベルトを掛け換えます。このあたりは複雑なのでもう少し詳しく紹介しましょう。

（1）主軸回転数を変える方法

卓上ボール盤には必ずVベルトの掛け換えにより回転数を変えられる

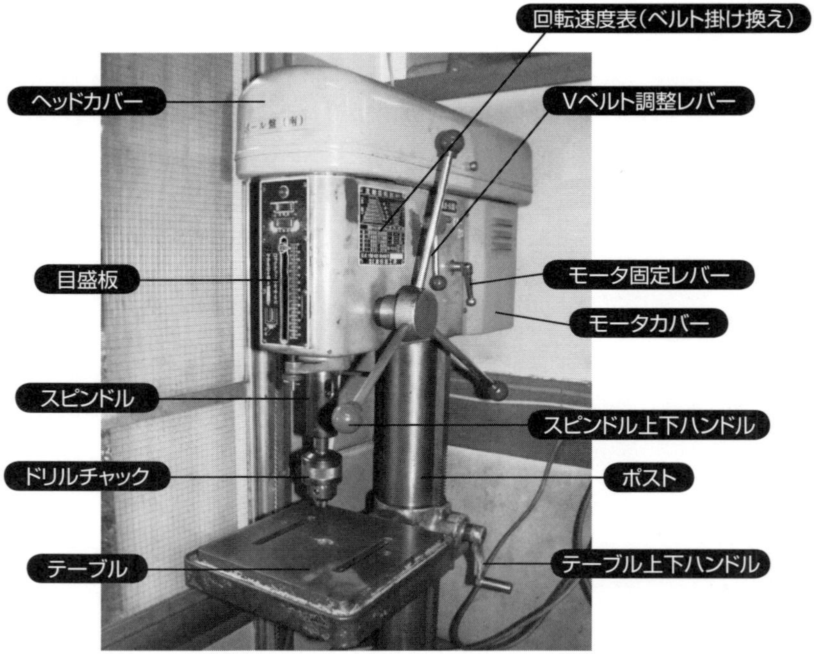

図3.6　卓上ボール盤各部の名称（上部）

ようになっており、使用するプーリの段と回転数の関係を示した表が付いています。

図3.7の主軸回転数の表から、φ5.0のドリルは1780rpm・・・Bの段が最適となります。**図3.8**ではベルトがEの位置なので、ベルトの掛け換えを行う必要があります。

ベルトを掛け換えるには、**図3.9**のロックレバーを緩めてVベルト調整レバーを動かすとベルトを緩め、大きい径のプーリ溝の側からVベルトを外し、目的の段にしてから、反対側のプーリの段にVベルトを移動します。次にVベルト調整レバーでVベルトを張り、この状態のままロックレバーを締め付けます。

これでヘッドカバーをもとに戻せば回転数の変更完了です。

（2）穴の深さを調整する機能

主軸頭部の目盛板と矢印はスピンドル（主軸）のストロークを示すよう

図3.7　主軸回転数の表

図3.8　プーリとベルト

図3.9　Vベルト調整レバーとロックレバー

ここがポイント！

❶Vベルトを張った状態で固定する

❷ロックレバーの位置はメーカーや機種によって異なる

になっています。矢印はスピンドルの下限ストッパとしての役目もあり、下の調整ねじを使ってストロークを制限できます。これにより穴の深さを調整したり、穴の深さを揃えたりすることができます。この機能は、止まり穴や座ぐり穴を多数加工するときの深さを揃えるのにとても便利です。

図3.10を見てください。目盛板の上部に矢印があります。矢印はスピンドルの高さを示しているので、スピンドルのハンドルがフリーのとき(手を触れない状態)に矢印と目盛板のゼロを合わせておくと、スピンドルの移動寸法を直読できます。矢印が一番下までくると、それ以上スピンドルは下がりません。ストロークの下限ストッパにもなっているのです。

図3.11のようにストローク調整ねじを時計回りと反対に回すと矢印が動きます。矢印の位置はスピンドルのストローク長を示し、穴あけ作業の深さを決めることができます。

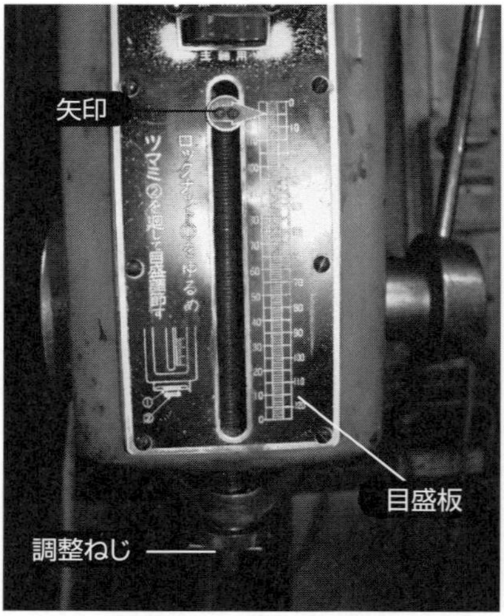

図3.10　目盛板と矢印

図3.11　ストローク長を変える

ここが ポイント!

ストローク調整ねじを利用することで穴の深さを一定にできる

（3）テーブルの活用

卓上ボール盤のテーブルは微妙に動かして位置を調整し、その後にテーブルをしっかり固定する機能があります。卓上ボール盤のテーブルは角形と丸形がありますが、調整と固定のしくみで、それぞれ長所と短所があります。まずは角形のテーブルから見ていきましょう。

図3.12および**図3.13**を見てください。テーブルの後ろ、右側に上下ハンドル、左側に固定ハンドルが付いています（この配置はどのメーカーや機種も共通のようで、この配置とは違うボール盤をこれまでに見たことがありません）。

テーブルを動かすには、まず固定ハンドルを緩めてテーブルが旋回することを確認し、右側の上下ハンドルを回します。テーブルの高さや位置を決めたら固定ハンドルを締めてテーブルをしっかり固定します。

角形テーブルの中心の穴と主軸（スピンドル）の中心を合わせると**図3.14**のようになります。貫通穴はこの位置でないとテーブルに穴をあ

図3.12　テーブル上下ハンドル

図3.13　テーブル固定ハンドル

図3.14　テーブルを中央にする

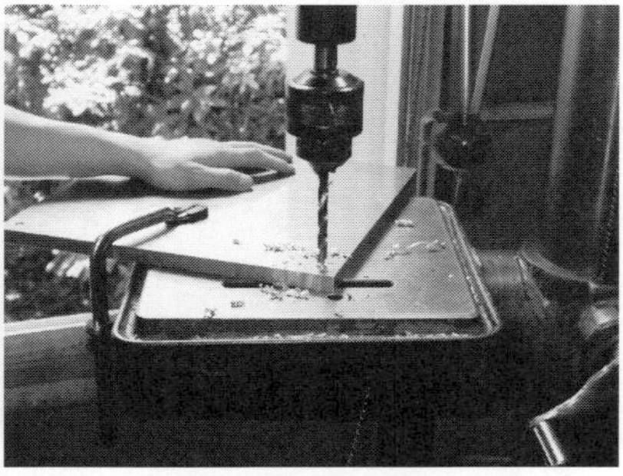

図3.15　両端の溝穴を利用する

けてしまいます。

図3.15のように大きな板の端に穴をあけたいときはテーブルを振って横のクランプ用の溝に主軸の中心を合わせると安全性と操作性がよくなります。角形テーブルはこのように左右に振ることで大きな板でも安全・確実に加工できることが利点です。

丸形テーブルはテーブルを旋回できることが大きな特徴です。丸形テーブルもテーブルの上下ハンドルは右側に、固定ハンドルは左側にあります。テーブルの振りを使えるのも同じですが、**図3.16**のようにテーブルの下には旋回の軸を固定するハンドルが付いており、これを緩めるとテーブルを旋回できます。**図3.17**では、あらかじめ板をテーブルに固定しておいて、テーブルの旋回と振りで微妙な穴位置の調整を行うことができます。

しかし、角形テーブルに比べてテーブル中心から淵までの距離が少ないため、大きな板を載せるときの作業性は劣ります。

（4）卓上ボール盤を使いこなすための小物

卓上ボール盤はとても実用性が高く、応用範囲も広いのですが、作業性をよくするために、小形バイスなどの小道具が必要です。これらの小道具は第4章のツーリングで詳しく解説しますが、ここでは卓上ボール

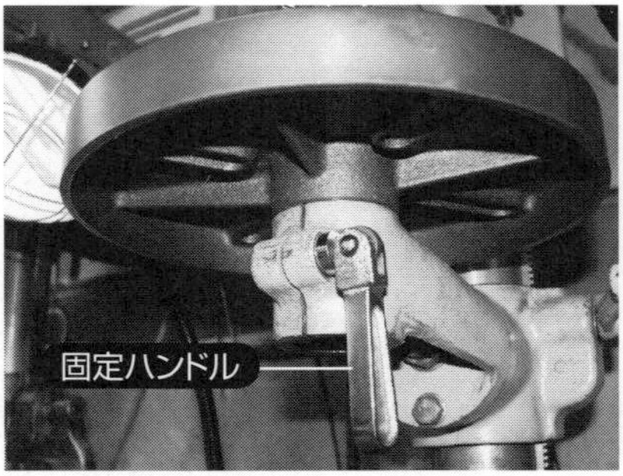

図3.16　丸形テーブルの下

図3.17　旋回を使った位置決め

ここがポイント！

❶角形テーブル･･･大きな板の淵に穴あけする場合に有利
❷丸形テーブル･･･穴の位置出しを良くしたい場合に有利
❸テーブルは固定ハンドルを締めつけてしっかり固定する

盤の関連でごく簡単に紹介します。

小形のアルミケースにアルミケースに穴あけする場合、固定できずに困ることがあります。**図3.18**のように木片とF形クランプを使ってテーブルの端を使うと作業しやすくなります。**図3.19**にヤンキーバイスを示します。

アルミシャーシなどの折り返しがある工作物は**図3.20**にように木片を挟み込んでおくとよいでしょう。小さな工作物を固定するときは**図3.21**のように丸形バイスが便利です。その他にも以下のようなものが使えます。

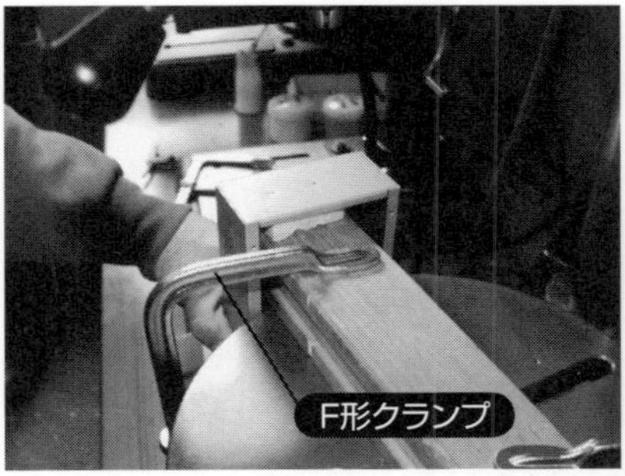

図3.18　F形クランプと木板

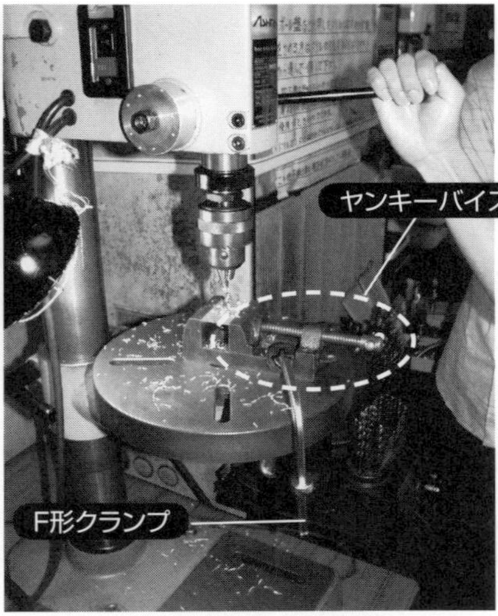

図3.19　ヤンキーバイス

図3.20　ベタバイス

図3.21　丸形バイス(スクロールチャック)

（5）板の活用

ボール盤で穴あけ作業をしているとき、ドリルが加工物に食い込んで思わぬ事故を引き起こすことがあります。特に真鍮やアクリル板の加工では、穴の抜け際でドリルの刃先が加工物に食い込み、加工物を持ち上げて振り回され、驚かされます。

こうした危険を回避するために効果的なのが「板」です。

図3.22のように、下に板を敷いて、加工品を固定すると、ドリルの抜け際でドリル先端が板に当たり、食い込みを抑えます。

もし、小形バイスで加工品を固定した場合は、バイスもボール盤のテーブルにしっかり固定し、ボール盤のハンドルがもっていかれないように両手で送るとよいでしょう。

図3.23、**図3.24**はドリルの先端が食い込んでチャックから外れてしまった加工品です。

真鍮は加工性が良いのですが、ボール盤による穴加工だけは例外で、危険性を伴うことを覚えておいてください。

図3.22　板を敷くとよい

図3.23　ドリルの先端が食い込む

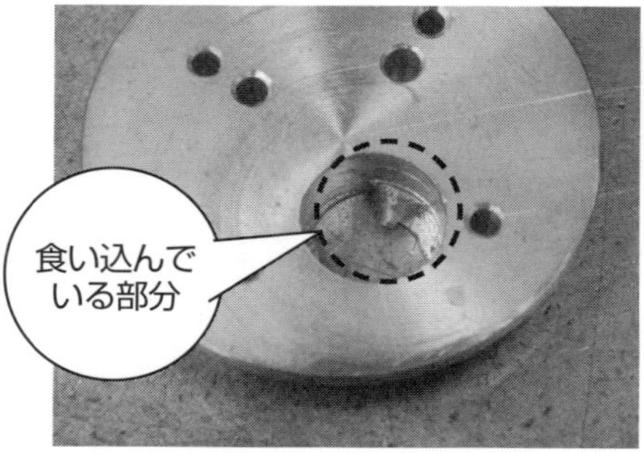

図3.24　食い込んだ加工品

ここがポイント！

❶真鍮の穴あけ作業はドリルが食い込んで事故を起こす危険性が高い
❷真鍮の穴あけ作業は下に板を敷いてクランプするとよい

3-3 直立ボール盤（大形ボール盤）

直立ボール盤は、卓上ボール盤と違って、床から直接立ち上がっており、主軸端はモールステーパ（MT-4）を備え、φ50mm程度までのテーパシャンクドリルが使える、強力な穴あけ作業専用の工作機械です。したがって、単に穴あけ作業だけでなくさまざまな機能が付いています。これらの機能はメーカーや機種によって異なりますので、皆さんの使える機種とは異なるところも多いと思いますが、代表的な機能とその使い方を紹介したいと思います。

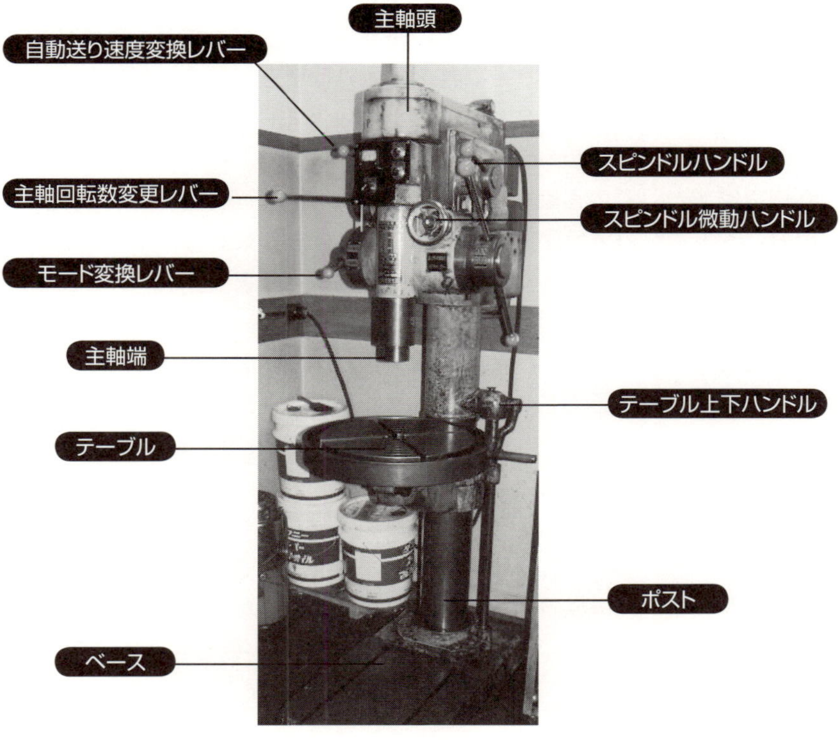

図3.25　直立ボール盤の各部の名称と機能

図3.25に示す直立ボール盤は、この大きさとしては標準的なものです。図の左上から順に、名称と機能を紹介します。

①自動送り速度変換レバー

自動送りとはスピンドルを一定の速度で下に動かす機能のことで、この速度変換レバーで送り速度を変えられます。このボール盤はスピンドルハンドルの操作で瞬時に自動送りをON-OFFできるようになっています。

②主軸回転数変換レバー

縦形ボール盤はレバー操作で回転速度を多段階に変更できます。このボール盤は30rpm～3000rpmを24段階と細かく刻まれています。

③モード変換レバー

モード変換とは、スピンドルと主軸の動作を、①手動送り、②自動送り、③反転（タップ）の３種類をスピンドルハンドルと組み合わせて切り換えられる機能です。これを上手に使うと、タップを使った雌ねじ加工やボーリングヘッドを使った高精度穴あけ作業を行うことができます。

④スピンドル微動ハンドル

モード変換レバーを①手動送りにして、スピンドルハンドルを大きく外側に倒すと、この微動ハンドルを使ったスピンドル送りができます。テーパシャンクの大口径ドリルを使って穴あけ作業を行うときにこの機能を使うと、切りくずを見ながら送りを調整できます。

⑤主軸端

主軸端はモールステーパNo4（MT-４）となっており、テーパシャンクドリルを直接打ち込むことができます。MT-4のドリルチャックは旋盤の心押台で使うドリルチャックと同じです。

⑥テーブル

テーブルの操作は卓上ボール盤の丸形テーブルと同じです。テーブルにはT溝が十字に切ってあり、クランプ工具を使って強力に工作物を固定できるため、大口径の加工も安心して行うことができます。

3-4 高速ボール盤

高速ボール盤（**図3.26**）は小形にもかかわらず、10000rpmの高速回転に負けないしっかりした構造となっており、高剛性と重量で振動を抑えるようになっています。

ドリルは直径が小さくなるほど簡単に折れてしまうので、穴あけ作業のときの加工力が作業者の手にわかりやすく伝わるかどうかが決定的に重要です。レバー操作はスムーズにスピンドルを上下できるだけでなく、上下動の抵抗が少ないほど、ドリル先端の状態が作業者に伝わるので、この感覚を確認しておくとよいでしょう。

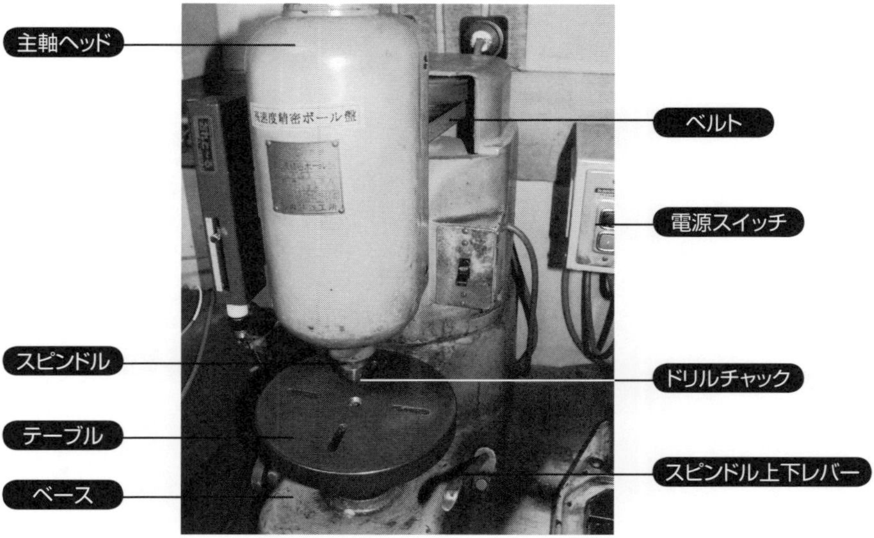

図3.26　高速ボール盤の各部名称

ここがポイント！

ドリルの加工力をスピンドル送りレバーで感じ取ることが重要

高速ボール盤の場合、ドリルチャックの振れは禁物です。

1mmより小さい小径ドリルはシャンクが太くなっているルーマ形ドリルを使います。ドリルチャックの掴み精度は0.2mm以内と規定されており、小さいドリルチャックも同様です。しかしこれは大問題で、0.5mmのドリルで穴加工をするときに0.2mmもの心ぶれがあったのでは、ドリルが加工物に触った瞬間に折れてしまい、穴あけ作業どころではありません。

このようなときは、**図3.27**のように、心ぶれをピークメータ（テコ式ダイヤルゲージ）などで測定し、振れが十分小さいことを確認してから穴あけ作業を行うとよいでしょう。

図3.28はルーマ形ドリルで直径0.05mmです。上に長さ0.2mmの刃先があるのですが、髪の毛より細い先端は肉眼で確認できる限界で、私は不用意に先端に触れてしまい、刃先を折ってしまいました。このような細い径の穴加工は普通のドリルチャックでは不可能な領域であり、コレット式のチャックを備えた高速ボール盤が必要でしょう。

図3.27　ピークメータで振れを見る

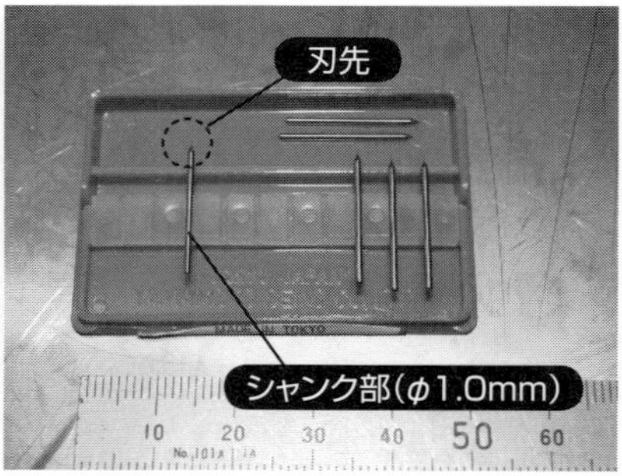

図3.28　ルーマ形ドリル

ここがポイント！

❶1mmより小さい穴あけ作業はルーマ形ドリルを使うとよい
❷ピークメータで心ぶれを測定する
❸一般のドリルチャックは掴み精度0.2mm以内

第4章

穴あけ作業のツーリング

ドリルチャック、バイス、クランプなど

4-1 ドリルチャック

ドリルチャックはドリルを主軸スピンドルの回転中心に正確かつ強力に固定する工具で、ボール盤や電気ドリルでは最も重要な工具です。

ドリルチャックはチャックハンドルで締め付けるタイプのもの（**図4.1**、標準ドリルチャックと記述します）と、キーレスチャックがあります。キーレスチャックは、加速度で締め付け力が発生するものと、チャックのケースを締めつけるもの（**図4.2**）があり、基本的な使い方や失敗事例がそれぞれ異なるので注意が必要です。

図4.1　ドリルチャックとハンドル

図4.2　キーレスチャック

4-2 チャックハンドルで締め付ける標準ドリルチャック

図4.3は、さまざまな大きさのドリルチャックです。左から、25mm、19mm、13mm（標準）、10mm、5mmです。JISで規格化されており、掴み精度はすべて0.2mmです。

JISのドリルチャックは消耗品の考えるべきで、主軸スピンドルとの固定は「ジャコブステーパ」が使われて、脱着できるようになっています。これは、チャックの爪でドリルのシャンク部分をつかんだときの面積が少なく、爪を痛めることが多いためです。爪に傷がつくとドリルのシャンク部に傷をつけて、軸精度を悪くするので、ドリルチャックの爪をできるだけ痛めないようにすることが重要になります（**図4.4**）。

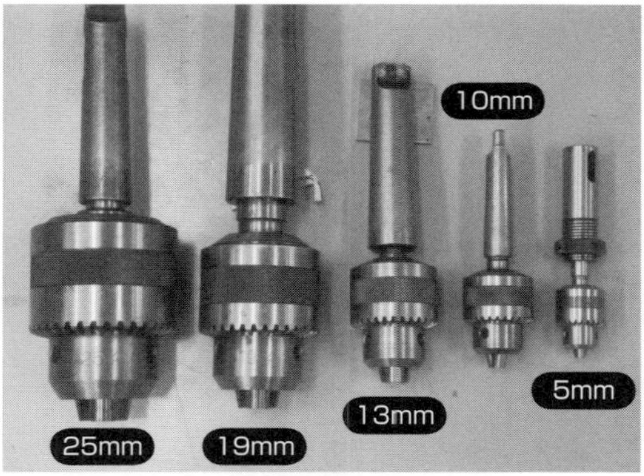

図4.3　さまざまな大きさのドリルチャック

ここがポイント！

シャンクが傷ついたドリルは廃棄する

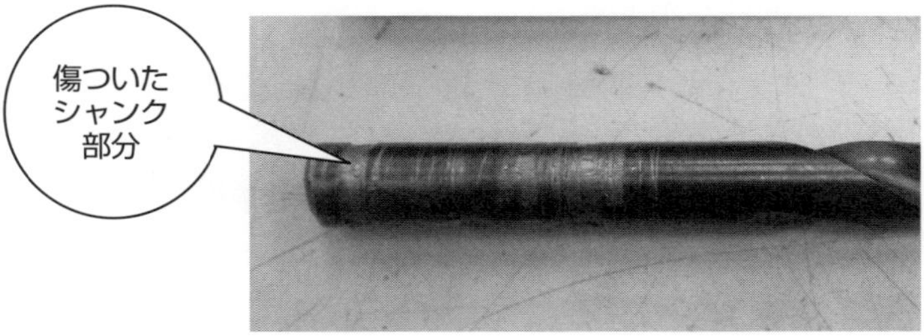

図4.4　傷ついたストレートドリルのシャンク部分

安全上の注意事項としては、締め付けが緩い時にドリルが外れることがあります。これは作業者がケガをするような事故になるので注意が必要です。チャックハンドルを使ってドリルの脱着を行う時に、うっかり指を挟んで血豆をつくったり、チャックハンドルが急に緩んで手が滑り、思わぬケガをすることがあります(**図4.5**)。

チャックハンドルを付けたまま主軸のスイッチを入れて、チャックハンドルを飛ばすような事故もあります(**図4.6**)。米国では所定の位置にチャックハンドルを戻さないとスイッチが入らないようになっています。このような安全装置は重要なので、機械を更新するときはこのような安全装置がついているものを選ぶとよいでしょう。

爪でドリルを
掴む部分は
このように
狭い

図4.5　ドリルチャックの爪

ここがポイント!

❶チャックハンドルを操作する時指や手を挟まないように注意する
❷チャックハンドルを飛ばさない
❸チャックハンドルは所定の位置に戻す習慣をつける

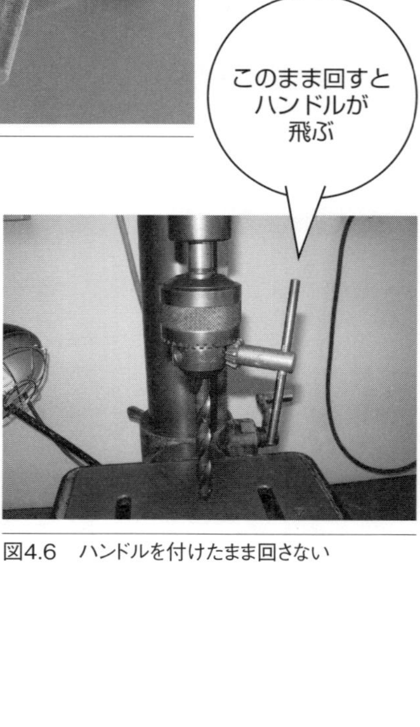
このまま回すと
ハンドルが
飛ぶ

図4.6　ハンドルを付けたまま回さない

4-3 ボール盤用キーレスチャック

図4.7はボール盤用のキーレスチャックです。このキーレスチャックはボール盤の主軸を回転させたときの加速度で自動的にチャックが締まる機構になっています。使い方は簡単で、ドリルを軽く手で絞めつけ、そのままボール盤の主軸を回転させると、オートチャックのボディの重さが起動時の加速度で締め付け力となるのです。

しかし、キーレスチャックには締め付け力不足になるという欠点があります。小径ドリルの場合は回転数が早いので電源ONからの加速度が大きく、大きな締め付け力が発生するのですが、ドリル径が大きくなると主軸回転数を下げるため加速度も下がり、必要な締め付けトルクが得られません。したがって、キーレスチャックで大きい径のドリルを掴むときは、わざわざ回転数を早いままでドリルを掴み、電源ONとして締め付けトルクを確保し、その後で回転数を下げるとよいでしょう。

ボール盤用キーレスチャックも標準チャックと同様、ジャコブステーパなので交換可能です。掴み精度は標準チャックと同じです。

図4.7　キーレスチャック

ここがポイント！

オートチャックは小径ドリルは有効だが6mm以上は把握力不足

4-4 電気ドリル用キーレスチャック

小形の電気ドリル用にキーレスチャックが普及しています。チャックケースを人の手の力で締め付けるだけで、13mmのドリルでも十分な締め付け力が発生しるように工夫されています。

図4.8のように、クラッチが付いているチャックは、設定トルクを超えるとトルクが制限されるので、電気ドライバとしても機能します。

標準チャックの電気ドリルでは6.5mmまでしか掴めなかったのに対し、キーレスチャックは13mmまで掴むことができるので、ノス形ドリルも使えます。

キーレスチャックは電気ドリルに直接固定されているので、掴み精度が悪くなっても、チャックの交換ができないのが欠点です。

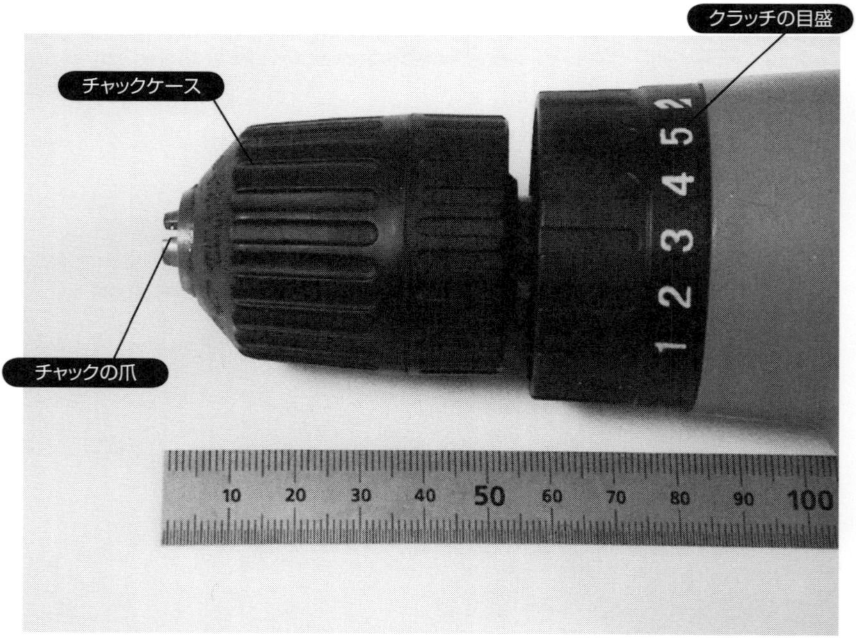

図4.8　電気ドリル用キーレスチャックとクラッチの設定

4-5 ドリルチャックの交換

ドリルチャックの爪は焼きが入っているものの細いので、傷んだシャンクのドリルを掴んで滑らせると爪が傷みます。シャンクが傷んだドリルは廃棄するしかありません。しかしドリルチャックの爪の消耗は避けがたいので、ドリルチャックは適当な時期に交換します。

（1） ドリルチャックの取り外し

ドリルチャックはジャコブステーパとなっており、ボール盤のスピンドル端は適合するジャコブステーパのシャフトが出ています。このシャフトの上に、ドリルチャックを取り外すための機構（写真の場合はねじ）が付いています。このように、ねじを回してドリルチャックを押し下げ、さらに回していくとドリルチャックが外れます（**図4.9**、**図4.10**）。

（2） 新しいドリルチャックの装着

まず、準備作業として、①ドリルチャックの爪を一番上にあげ、次に②取り外し用ねじをもとの位置まで上げます。このあと、勢いよくぶつけるように主軸のジャコブステーパ軸にドリルのテーパ穴を打ち込みます。打ち込みの勢いが足らないと思ったときは、木ハンマで下からドリルチャックをたたき上げます。最初の取り外しの時のねじのトルクを覚えておいて、このトルクで外れる程度に強く打ち込めるとよいでしょう。

図4.9　ドリルチャックの取り外し

図4.10　外したドリルチャック

4-6 マイクロ・ボーリングヘッド

マイクロ・ボーリングヘッド（**図4.11**）はフライス盤や縦形ボール盤など大形の工作機械に取り付けて、精密な穴加工を行うものです。使い方は第6章を参照してください。

図4.11　マイクロ・ボーリングヘッド

4-7 ボール盤用のバイス

穴加工でも工作物を固定するためのバイスが必要です。**図4.12**はボール盤で使うことを前提にした小形のバイスです。

左から、ベタバイス、ヤンキーバイス(中形)、ヤンキーバイス(小形)、精密バイス(研磨仕上げ)です。

このような小形バイスは構造も簡単で、よく工作実習の製作課題とされます。実習後は実用品となるので良い工作課題です。**図4.13**にヤンキーバイス、**図4.14**にベタバイスの使用例をそれぞれ示します。

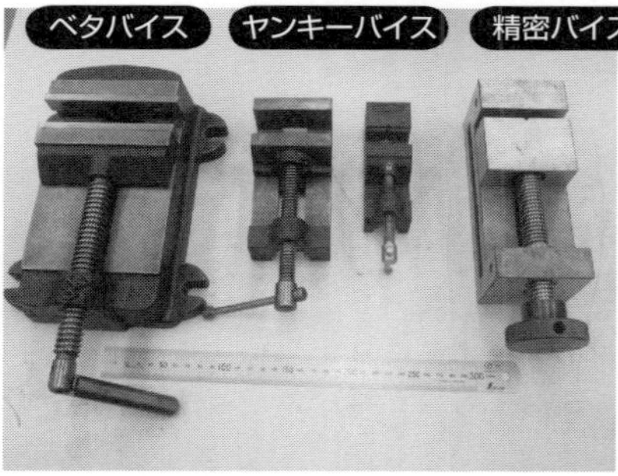

図4.12　さまざまな小形バイス

図4.13　ヤンキーバイスの使用例

図4.14　ベタバイスの使用例

4-8 ヤンキーバイス

図4.15はヤンキーバイスの裏側です。こうしてみると構造がよくわかりますね。**図4.16**はヤンキーバイスを分解したものです。部品数も少ないので、実習の製作課題としてもってこいです。

ヤンキーバイスは図4.13のような置き方だけでなく、**図4.17**～**図4.19**に示すように、底、前、両横がそれぞれ直角なので、多様な使い方が可能です。

> **ここがポイント！**
> **ヤンキーバイスは底·前·横の面が直角なのでさまざまな使い方ができる**

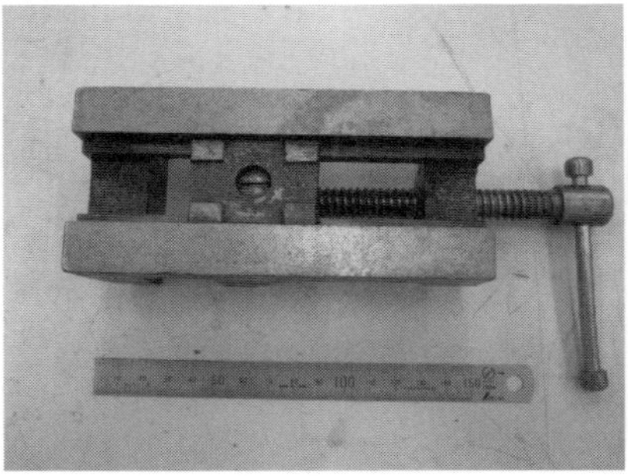

図4.15　ヤンキーバイスの裏側

図4.16　分解したヤンキーバイス

図4.17　前と底の直角

図4.18　前と横の直角

図4.19　底と横の直角

4-9 ベタバイス

ベタバイス（**図4.20**）は底面が大きく、四方に固定用の袖があることから工作物を強力に固定できるため、ボール盤用のバイスとして広く普及しています。ヤンキーバイスと同様、小さいものから大きなものまで種類があるので、ボール盤の大きさに合わせて選びましょう。

ベタバイスは口金の交換ができるほか、**図4.21**のように裏側の金具を調整することにより、移動側の口金の浮き上がり量を小さくできます。

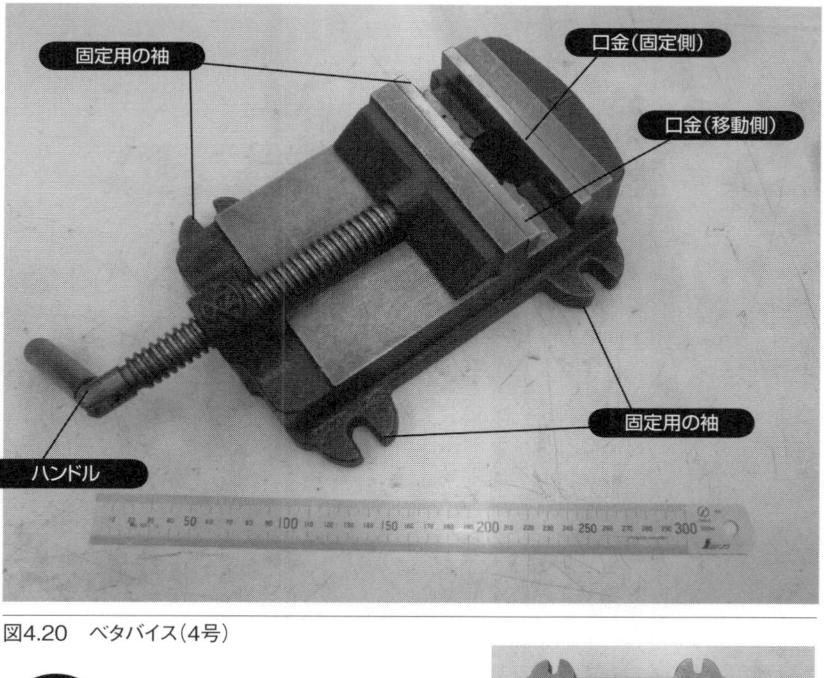

図4.20　ベタバイス（4号）

ここがポイント！

ベタバイスの口金は交換できる

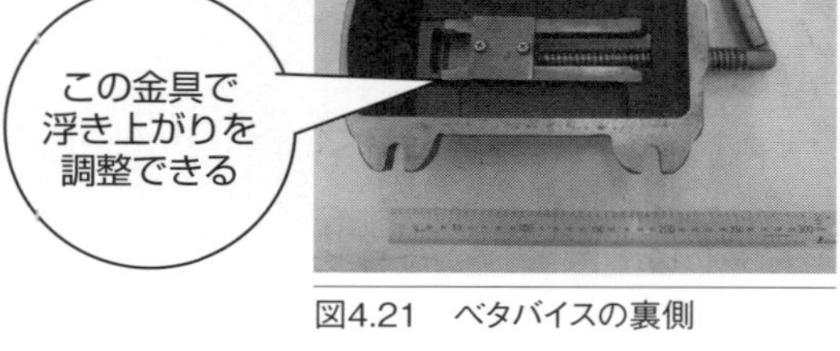

図4.21　ベタバイスの裏側

4-10 精密バイス

全面焼き入れ研磨仕上げされた精密バイス（**図4.22**）は、ボール盤用としては少々オーバースペックですが、直角精度が良いため、部品を締め付けたときの応力が均等になり、精密な部品の加工には抜群の信頼性があります。

ここがポイント！

精密バイスは精密部品の加工に用いると威力を発揮する

図4.22　精密バイス

4-11 フリークランプ（F形クランプ）

フリークランプ（**図4.23**、**図4.24**）は、F形クランプともいわれるもので、従来のシャコ万力《まんりき》よりも自由度が大きく、ボール盤に工作物やバイスを固定するのに便利です。

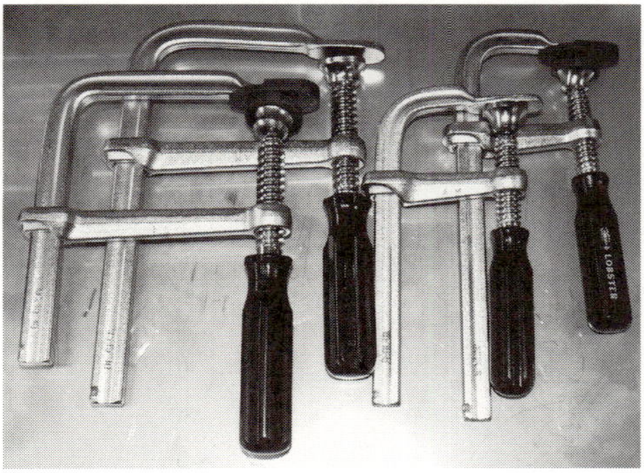

図4.23　フリークランプ（F形クランプ）

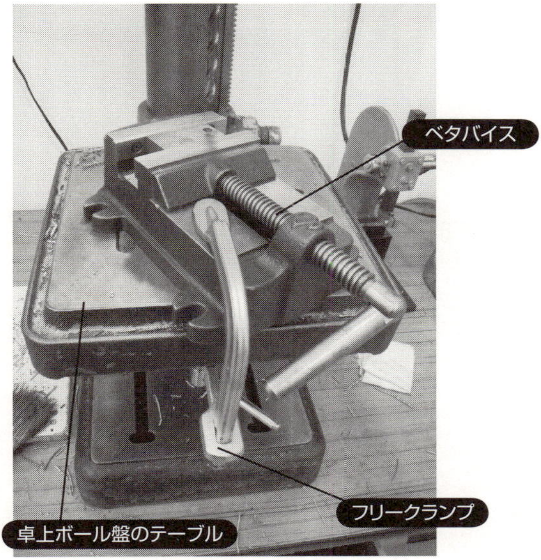

図4.24　フリークランプの使用例

4-12 丸バイス（スクロールチャック）

小形のスクロールチャックは、ボール盤を使って円筒形の加工物に穴加工する時に便利です。スクロールチャックはフライス盤でも用います（図4.25～図4.27）。

図4.25　スクロールチャック

図4.26　ボール盤での使用例

図4.27　フライス盤での使用例

4-13 イケール

長い部品の端の面に穴加工を行う時に、長手方向を垂直に取り付けるためにはイケールを使います。

イケールをボール盤のテーブルに固定し、さらにイケールに加工物を固定します。この時、イケールの上面にスコヤ(直角定規)を当てて、垂直になるようにします(**図4.28～図4.30**)。

図4.28　イケール

図4.29　イケールの使用例

図4.30　スコヤを使って直角を出す

ここがポイント!

長物の端の穴あけ作業はイケールを使う

ひとくちコラム

勾玉

ボール盤は旋盤と並んで、人類にとって最も古い工作機械です。古くはエジプト・ピラミッドの壁画に描かれています。

ボール盤を、錐を何らかの方法で連続的に回転させる装置と定義すれば、縄文人が行ったといわれる火をおこすときの錐もボール盤の原形といえるでしょう。

古代遺跡からは、石や骨に穴をあけたものがたくさん出土します。日本では「勾《まが》玉《たま》」ですね。瑪瑙《めのう》や水晶を綺麗に磨いて紐（ひも）が通る穴をあけるには気の遠くなるような時間が必要だったことでしょう。

実際に誰がどのような道具で、どのようにして穴をあけたんでしょうか。そんなことを考えるのも実に楽しいものです。

第5章

穴あけ作業のコツと勘どころ

5-1 卓上ボール盤を使った穴あけ作業

穴あけ作業で職人さんが何気なく行っていることには、1つひとつ目的や意味があって、実はこのあたりのことが難しく伝えにくい「穴あけ作業のコツ」となります。

これまでは、穴あけ作業を行うための工作機械や刃物工具、工作物を固定する工具などを紹介してきましたので、この章では、卓上ボール盤を使った穴あけ作業を追ってみて、こうした「コツ」の部分の紹介に挑戦してみたいと思います。

簡単そうにみえますが、狙ったところに正確に穴をあけるのが難しい作業を、一緒に見ていきましょう。

例題-1　厚さ10mmの鉄板（S45C）にφ11.0mmの貫通穴を加工

かまぼこ板状の鉄板にφ11.0mmの貫通穴を卓上ボール盤によって加工する事例を追ってみましょう。このような形状の板の穴あけ作業はベタバイスで固定し、そのバイスも卓上ボール盤のテーブルにフリークランプでしっかり固定します。まずは穴あけ作業が完成した状態をご覧ください(**図5.1**、**図5.2**)。

それでは、この穴あけ作業の最初から見ていきましょう。

図5.1　穴あけ作業が完了したしたところ

図5.2　卓上ボール盤とバイス

図5.3を見てください。ポンチ痕とドリル先端を合わせてドリルを回転させ、ドリルを下してポンチ痕にそっと触ります。ただし、この段階では、卓上ボール盤のテーブルにバイスは固定していません。このとき、ドリルの先端とポンチ痕の中心が合ってないと、ドリル先端が違っている分だけ動きます。この「わずかな動き」がなくなったら、ドリルとポンチ痕の「中心が合った」ということです。

それでは、このわずかな調整をどのように実行するか。ここがまず最初の問題です。

バイスはまだ固定していないので、プラスチックハンマで軽く叩いてわずかに動かす(これをインチングといいます)か、あるいは手を使ってバイスを微動させます。

テーブルとバイスの際に人差し指を置き、押したい方向に指をテーブルに押し付けながら回します。たとえば右に動かしたいのであれば、左手の人差し指でバイスの左の際に指を置き、指をテーブルに押し付けた状態で指を右に回します。このようにすると、指の右横腹でバイスを押すことになり、わずかにバイスを押すことができます。このような動か

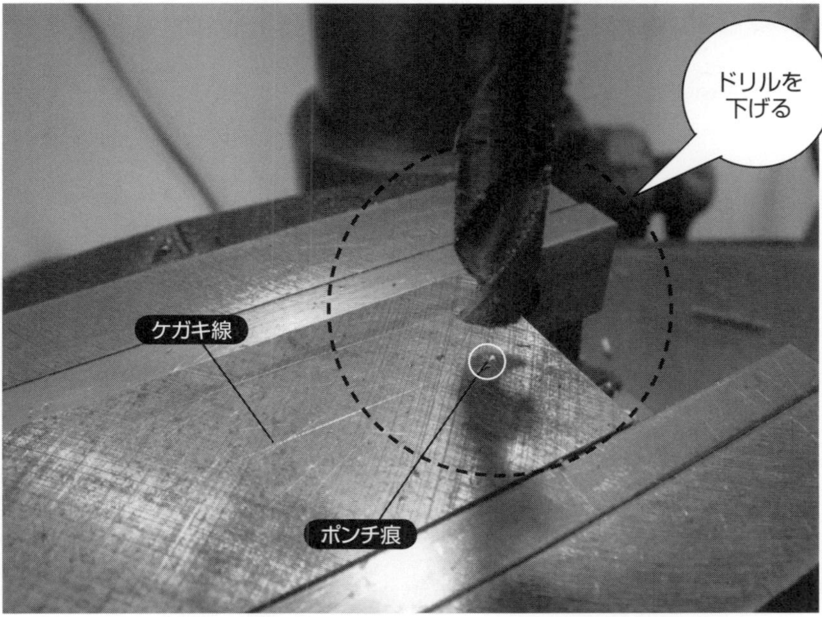

図5.3　もみつけで穴の中心とドリル中心を合わせる

し方は１～２Kgの部品を正確に組み付けるときにも使えるので練習しておきましょう。

ドリルとポンチ痕の中心が合ったなら、バイスとテーブルをフリークランプで固定します。このとき、不用意にフリークランプを当てると、せっかく合わせた中心がずれてしまいます。フリークランプで固定しやすいバイスの置き位置がありますので、**図5.4**を見てください。

フリークランプのスイベル部分は少しの傾斜ならある程度吸収できますが、強く締めようとすると力が斜めに働いで、上のバイスを動かしてしまいます。したがって、フリークランプのスイベルが当たるテーブルの裏が平坦であることが望ましいのです。**図5.5**のように、平坦な場所を確認しておいて、テーブルの上のバイスの位置がちょうど良い場所に

図5.4　テーブルとバイスの固定

図5.5　テーブルの裏側（平坦な場所）

図5.6　フリークランプの位置

ここがポイント！

❶ドリルとポンチ痕の中心を合わせる
❷インチングで微動する
❸指を使って微動する
❹フリークランプの位置を考える（図5.6）

なるように考えておきましょう。

これまでに、ドリルとポンチ痕の中心を合わせ、バイスをテーブルに固定できました。これで準備完了です。

バイスを手で押さえて加工することがありますが、できる限りバイスのテーブルに固定しましょう。穴の向け際ではドリルの中心が裏側に出て急に反力が減り、ドリルの回転で加工物にドリルの刃が食い込みます。この時、両手でボール盤のハンドル(スピンドルを上下させる)を操作していれば急な食い込みに対処できて、安全に作業を進められます。

穴あけ作業を開始したら(**図5.7**)、切りくずの出方を見ます。**図5.8**のように切りくずが連続的に出ていれば大丈夫です。穴が深くなってくると、切りくずが不連続になります。そのようなときには一度止めて、ドリル刃先に切削油を付けます(**図5.9**)。

図5.10のように、穴が貫通すればOKですが、このままうっかりバイ

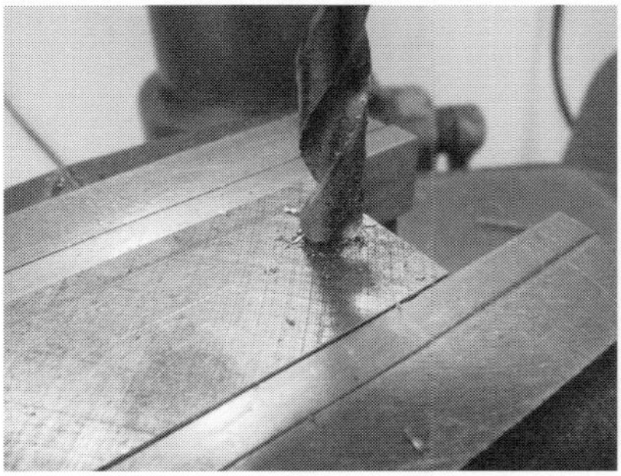

図5.7　穴あけ作業を開始

図5.8　切りくずを見ながら

図5.9　ドリルの刃先に給油

図5.10　穴が貫通した

スまで穴をあける可能性もありますね。

ここで1ついい忘れましたが、卓上ボール盤のテーブルが固定されていないといけません。せっかくバイスを固定しても、テーブルが動いたのでは台無しです。

主軸スピンドルの上下動の制限も実施します。これは第3章で説明しましたが、もう一度確認しておきましょう。

図5.11　固定ハンドル

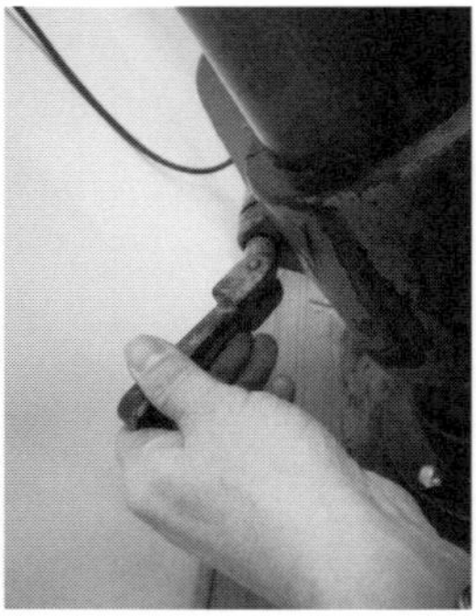

図5.12　固定する

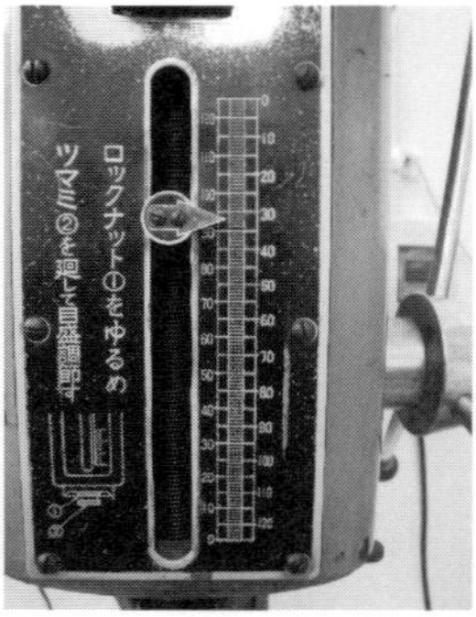

図5.13　上下動を制限

ここがポイント！

❶卓上ボール盤のテーブルの固定を忘れないように（図5.11～図5.12）

❷スピンドルの上下動の制限を使う（図5.13）

5-2 真鍮の穴あけ作業

ボール盤を使った穴あけ作業の中で、簡単そうに見えて実は難しいのが真鍮の穴あけ作業です。

何が難しいかというと、貫通穴の場合に、食い込みが強く、加工物が取られて外れてしまったり、ドリルを追ってしまうなどの事故が起きる可能性が高いのです。

皆さんの中には真鍮の貫通穴あけ作業で痛い目にあった方もあるのではないかと思います。恥ずかしいことに、私自身も失敗したことがあるので、これを例題として問題点を考えてみましょう。

図5.14がその失敗例です。**図5.15**のように丸バイスで固定し、卓上ボール盤で穴あけ作業をしていましたが、貫通する直前にドリルの刃が食い込んで部品を持ち上げ、バイスごと飛ばしてしまいました。図5.15は飛んでしまった後にその状態を再現しようと置いたものですが、実際にはフリークランプで丸バイスを固定していました。当然テーブルもロックしてありました。それでも飛んでしまったのです。何が問題だったのでしょうか？

ここがポイント！

真鍮部品の貫通穴は抜け際が危険!!

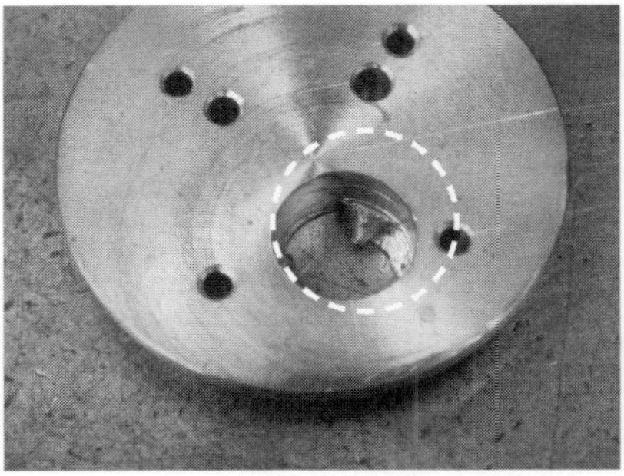

図5.14　食い込んで飛んだ真鍮部品

図5.15　バイスから外れる

私は、安易に卓上ボール盤で加工しようとしたことが失敗だったと考えています。フライス盤で加工するか、旋盤の四つ爪チャックで偏心のまま固定し、中ぐりバイトで穴あけ作業するぐらいの慎重さが必要でした。

ドリルの中心部分は心厚があり、ここで大きな切削抵抗が生じます。シンニングで切削抵抗を減らしていますが、真鍮の加工はうまくいきません。

旋盤のバイトを見ると、真鍮用バイトのすくい角はゼロです。ところがドリルの刃先は15°～30°のすくい角があり、真鍮にとっては危険です。適当な切削抵抗があるうちは食い込まないのですが、中心が裏に抜けた途端に外周部が真鍮に食い込み、事故を起こすのです。

図5.16　捨て板を敷いて固定する

図5.17　貫通したら切りくずが変化

それでは卓上ボール盤で真鍮の穴あけ作業はできないのでしょうか。

答えは簡単。真鍮の部品の下に適当な硬さの板を挟み、上からしっかり固定することで貫通穴の加工が可能となります。この場合の下の板を「捨て板」と呼ぶこともあります。私たちは表面にメラミン樹脂板を張ったベニア板（厚さ15mm程度）を使っています。

捨て板を使うことで、食い込みの原因となる穴の貫通間際で切削抵抗が極端に少なくなることを防ぎ、食い込みが起きにくくなるのです。

図5.16～図5.18のように捨て板を敷いて、真鍮の部品をフリークランプで固定します。これで安心。そのまま穴あけ作業すると、貫通すれば木の切りくずが出るのですぐにわかります。

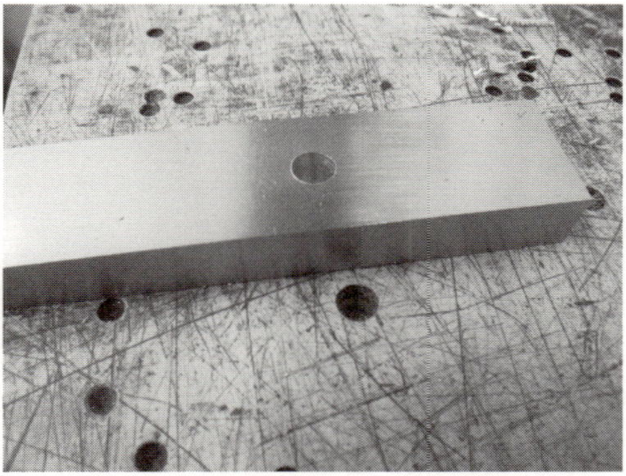

図5.18　捨て板にも穴があく

ここがポイント!

捨て板を使えば真鍮の穴あけ作業も安心

5-3 皿ねじ用の座ぐり加工

皿ねじはねじの頭が表面に出てほしくない場所に使われるので、皿ねじ用の面取り加工は面取り穴と貫通穴の中心が合っていることが重要です。普通、貫通穴をあけてから、面取りカッタ（カウンタシンクともいいます）で大きく座ぐり加工を行うことになるのですが、この時にきちんと手順を踏まないと座ぐりの中心がずれてしまいます。

図5.19の皿ねじ用座ぐりは穴の中心が全てきれいにそろいました。しかし、このような加工は、簡単に工作物を手で押さえて卓上ボール盤でさっとやってしまいがちですがそれではずれてしまいます。

図5.20はこの加工で使ったカウンタシンクです。

図5.19　皿ねじ用の座ぐり加工

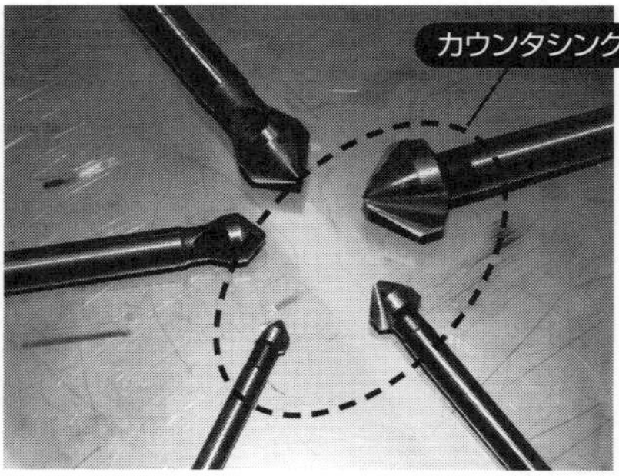

図5.20　カウンタシンクを使用

図5.21　心合わせ

ここがポイント!

心合わせは穴にカウンタシンクを押し当てる

カウンタシンクを皿もみで使う時の穴位置の合わせは、**図5.21**のように、バイスを固定していない状態で、スピンドルを手で左回ししながら貫通穴に押し付けると、刃物と貫通穴の中心が合います。そして中心を合わせてフリークランプでバイスを固定します。

中心を合わせ、バイスを固定したら、スピンドルの上下動を制限し、皿ねじ用座ぐりの深さを決めます。**図5.22**は卓上ボール盤のスピンドル上下動を制限するストッパの位置を動かすねじ（下）とその動きを固定するねじ（上）です。**図5.23**の上のねじを緩めると、下のねじが回せるので、図5.22の目盛りを見ながら適当な位置に動かします。

図5.24のように試験加工して穴の深さを確認し、ちょうどよい深さになったら図5.23の固定ねじを締めます。これで深さも決まりました。

バイスで加工物をしっかり固定し、カウンタシンクの中心を合わせてバイスをテーブルに固定しないと穴の中心がずれてしまいます。

図5.22　スピンドルの下限を決める

図5.23　ストッパの移動と固定

図5.24　座ぐりの深さを確認する

ここがポイント！

皿ねじの座ぐり加工はバイスでしっかり固定する

5-4 アクリル板の穴あけ作業（薄板加工）

アクリル板に穴あけ作業する場合、普通のドリルを使うと**図5.25**のように穴のエッジが欠けます。こうなってしまっては製品になりません。捨て板を用いることもよい方法ですが、アクリル板の場合、表面の美しさが命なので、上から強く押さえると裏面に傷がついてしまいます。

傷がつかないように新聞紙を敷いて、アクリル板を手で押さえて加工するのですが、その時に「欠け」が発生するのです。

このような割れを防ぐには蝋燭《ろうそく》ドリルが最適です。蝋燭ドリル（**図5.26**）は薄板の加工にも有効です（蝋燭ドリルは第2章、第9章で紹介）。

図5.27を見てください。標準ドリルで薄板に穴を開けると、ドリル

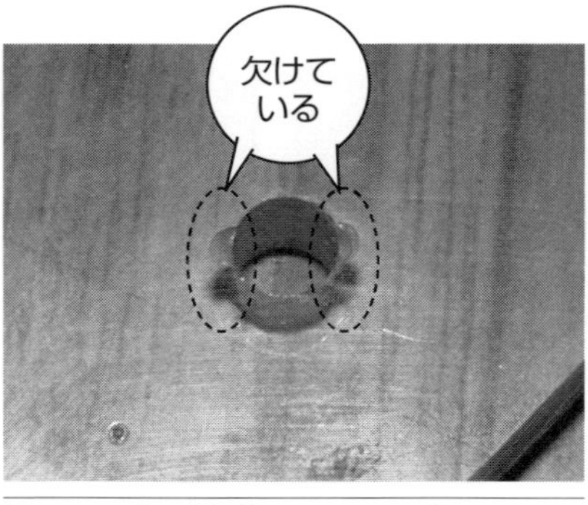

図5.25　穴の淵が欠けたアクリル板

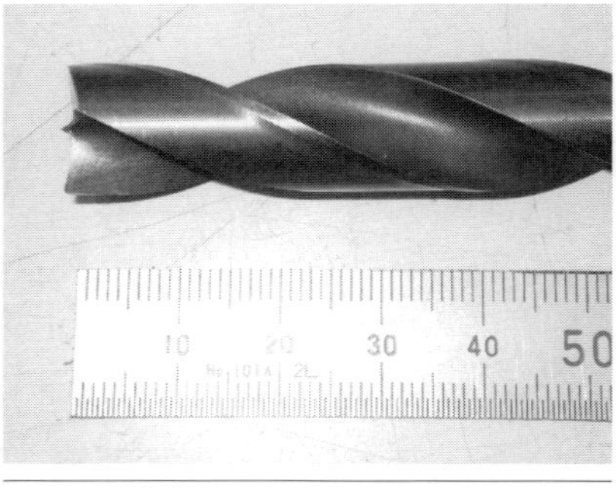

図5.26　蝋燭ドリル

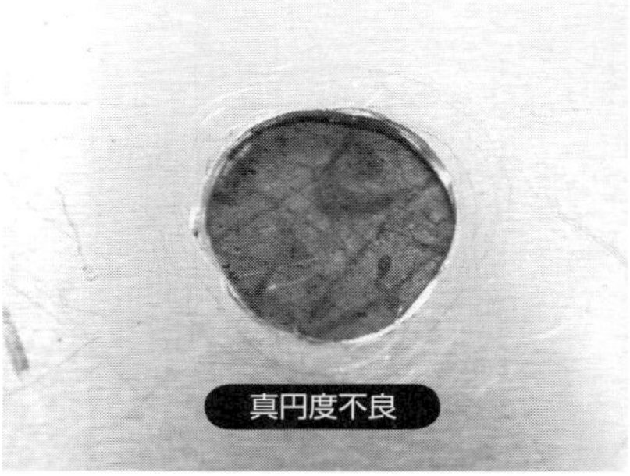

図5.27　薄板の穴（標準ドリル）

図5.28　薄板の穴（蝋燭ドリル）

中心が裏側に抜けて振動し、このようにおにぎり形に変形した穴になってしまいます。それに比べ、**図5.28**の蝋燭ドリルで開けた穴はきれいな円になっています。蝋燭ドリルはアクリルなどのプラスチックの加工だけでなく、薄板の加工に最適なのです。

余談ですが、アクリルの穴あけ作業は水溶性の切削剤を使って冷却しないと熱で穴の表面が変質し、汚い穴になってしまいます。

プラスチックは熱伝導が悪いので発生した熱は切りくずで排出されず、刃先を加熱させます。したがって、冷却作用の大きい水溶性切削剤を使って積極的に冷却します。**図5.29**のように、水溶性の切削剤をたくさん使って加工すれば、穴の表面も透明感のある綺麗な製品に仕上がります。

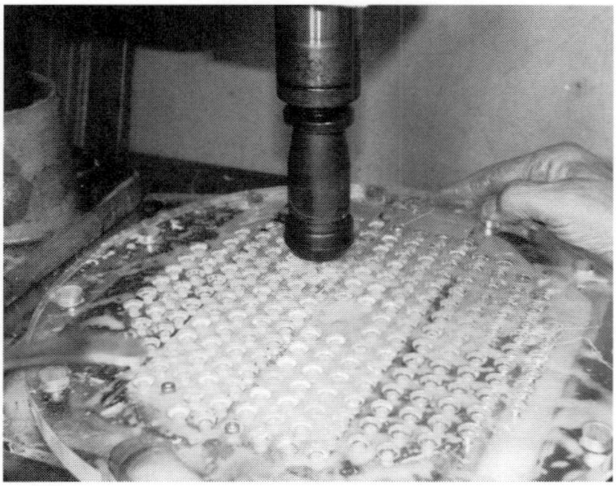

図5.29　アクリルの加工には水溶性切削剤を使う

ここがポイント！

❶アクリル板の穴あけ作業は裏側のエッジに欠けが発生しやすい
❷アクリル板の穴あけ作業には蝋燭ドリルが最適
❸蝋燭ドリルは薄板加工にも最適

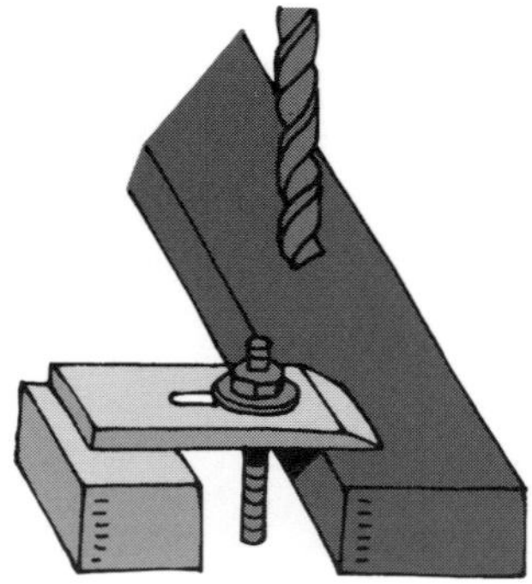

第6章

フライス盤による穴あけ作業

6-1 フライス盤を使った穴あけ作業の特徴

ボール盤があるのに、穴あけ作業をわざわざコストの高いフライス盤を使う理由は、なんでしょうか？

それは「位置精度が高い」の一言に尽きます。

穴あけ作業の中では、それぞれの穴の位置精度、再現精度がとても重要です。たとえば、2個の部品を正確に組み合わせるためによく用いる位置決めピンは、取り付け位置の穴と噛み合う相手側の穴の位置を10～20μm程度の誤差範囲に収める必要があります。この場合、もしボール盤でこれを実現しようとすると、最初に紹介したような手順・・・つまり、穴位置をけがき作業によって求め、センターポンチを打ってボール盤上でドリル先端と目で合わせて穴をあける・・・では、とても必要な精度は実現しません。せいぜい100～200μmでしょう。

これを、汎用フライス盤のテーブルに乗せ、X-Y座標による位置決め用いれば、±20μm程度は実現できます。リニアスケールを搭載したフライス盤ならば簡単に±10μm以内も実現可能でしょう（**図6.1**）

このように、フライス盤を使うことによってほとんど無条件に、高い穴の位置精度を得られることが、大きなメリットなのです。

図6.1　フライス盤を使った精密な穴加工

ここがポイント

フライス盤による穴加工は穴の位置を±20μmの高い精度で実現できる

6-2 フライス盤の穴あけ機能・・・機種による違い

フライス盤は、旋盤と異なり、さまざまな種類があります。小形のフライス盤は「ひざ形」が主流です。しかし、同じひざ形でも、**図6.2**のように主軸部が固定されたものと、**図6.3**に示すように多様な主軸機能をもったジグフライス盤があります。

一般にひざ形フライス盤はX - Y座標の精度に比べてZ軸の精度が劣ります。**図6.4**のように、Z軸（上下動）の直線案内部分からニー（ひざ）が突き出し、Y軸のサドルの上にX軸のテーブルが乗っている構造で、

図6.2　主軸固定式のフライス盤

図6.3　ジグフライス盤

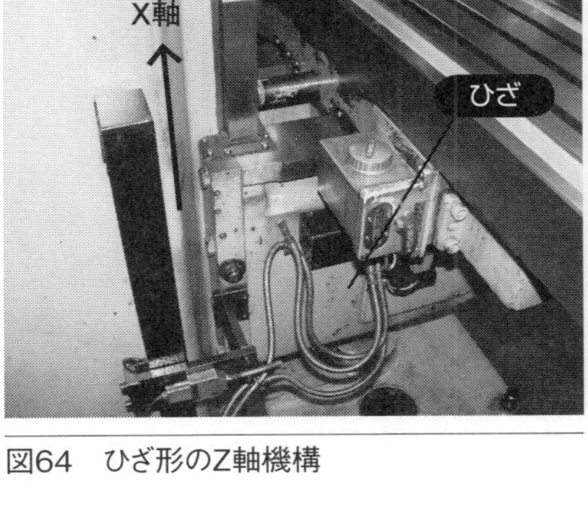

図64　ひざ形のZ軸機構

図6.5　主軸ヘッドが固定されている

ベースとニーの間にZ軸の送りねじが配置されています。

この構造は、主軸から見ると、Z軸の直線案内部分が遠い位置にあり、「アッベの法則」で示されている悪い見本のようなものです。

穴の深さ寸法が決められているとき、**図6.5**の主軸固定形フライス盤では、穴の深さをZ軸の精度に頼るしかありません。それに比べ、図6.3のジグフライス盤は、Z軸を固定しておいて、主軸を上下させるクイル機構を使って穴の深さを決めることができます。

図6.6に、クイル機構を示します。精緻な目盛りカラーの付いたハンドルを回すと主軸のスピンドルが上下します。**図6.7**はZ軸を固定して、刃物の深さをクイル機構で決める穴加工で、数μmの加工精度を得ることができます。NCフライス盤を使うと大きな穴が精度よく加工できますが、穴の真円度が悪くなる機械もありますので、一度試験加工を行ってから、真円度を測定して、加工精度を確認するとよいでしょう。

ここがポイント！

❶ひざ形フライス盤はX-Y軸に比べてZ軸の精度が劣る
❷ジグフライス盤は穴あけ作業の機能が豊富で、高い位置精度の穴あけが可能
❸NCフライス盤による穴あけ作業は便利だが真円度の確認が必要

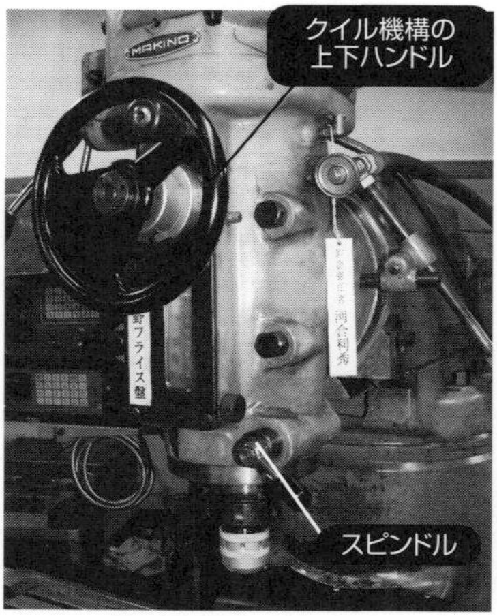

図6.6　クイル機構

図6.7　クイル機構を使った穴加工

6-3 フライス盤を使った穴あけ作業（実例-1）

フライス盤の高い加工精度を用いた穴あけ作業が必要な加工例を紹介します。**図6.8**は例題として加工する部品の図面です。φ6H7の穴あけ作業は基準面Aに垂直であることが重要です。このような部品の加工は卓上ボール盤では垂直の精度が不足するので、フライス盤による加工が必要となります。すでに外形加工は終了し、X-Y座標でφ6H7の穴位置は確定できた状態から、穴あけ作業の手順を追うことにします。

フライス盤による穴加工の手順は、以下のようになります。

①センタードリルを使って穴の中心にわずかな凹みをつける（**図6.9**）。

②ドリルによる下穴加工を行う。この場合はφ5.7のストレートドリル

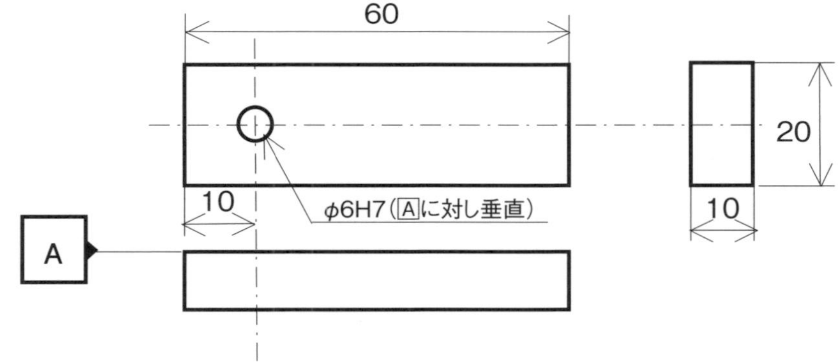

図6.8　加工部品ー1　（材質:真鍮、三重振り子の錘）

図6.9　センタードリルによるもみつけ

図6.10　φ5.7の下穴加工

を使用（**図6.10**）。

③ブローチリーマを使った仕上げ加工を行う（**図6.11**）。

最初のセンタードリルによる「もみつけ」は、ドリルの先端がわずかに加工面に食い込み、ちょうどセンターポンチの打痕程度にします。細いセンタードリルで深く加工しようとすると、刃先を折損することがあります。

下穴のドリルは0.3mm程度小さいサイズで行います。穴が貫通したら、ブローチリーマに交換し、ドリルの穴加工と同じ要領でリーマ先端が20mm程度突き出るまで主軸を下げます。**図6.12**のように、エンドミルのシャンク部分をゲージにして穴に通るかどうか、ガタが無いかどうかを確かめます。切れなくなったり折れてしまったエンドミルのシャンク部分は高精度に研磨されているのでゲージの代用となります。この加工の後は両面の面取りを行って完成です（**図6.13**、**図6.14**）。

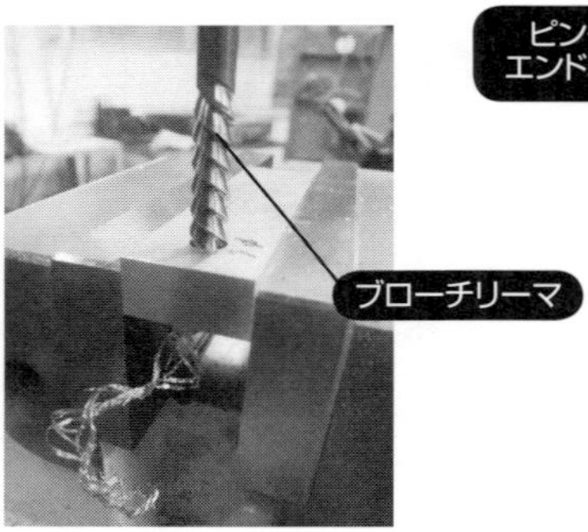

図6.11　リーマ仕上げ

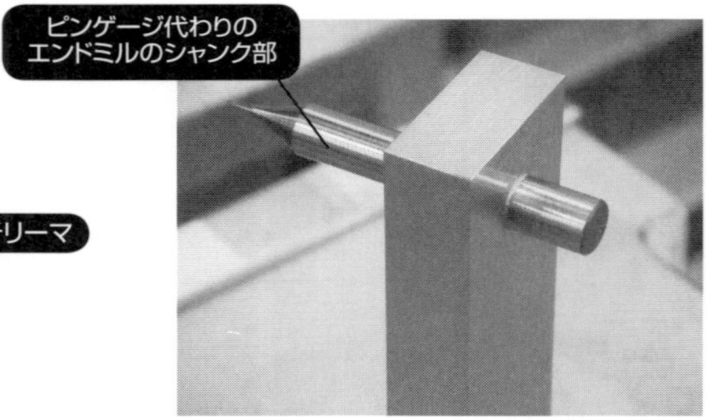

図6.12　ピンゲージで精度を確認

図6.13　面取り加工

図6.14　完成した穴（φ6H7）

6-4 フライス盤を使った穴あけ作業（実例ー2）

次に、２ヵ所の穴の間隔を正確に加工する方法を紹介します。加工する部品の図面を**図6.15**に示します。

この部品は多重振り子の腕となるもので、２枚の板のφ6とφ17の穴の間隔が一致していることが重要です。素材はアルミニウム合金A6063の平角棒（幅20mm、厚さ5mm）です。さらに、右側のφ17H6の穴はここにフランジ付きベアリングを収めるもので、H6という厳しいはめあいですが、φ17.0mmエンドミルを使った「突き加工」で代用します。

φ6H7の加工は実例-１の手順で先に完了しておきます。ここで、２枚の板を重ねてバイスに固定するのですが、板の幅がきっちり合っていることが重要です。２～３μmより誤差が大きい場合はこの方法は使えません。

φ17H6の加工手順は以下のようになります。

①センタードリルによるもみつけ

②φ10mm程度のドリルによる下穴加工

③φ15mmのエンドミルによる突き加工

④φ17mmのエンドミルによる突く加工（仕上げ）

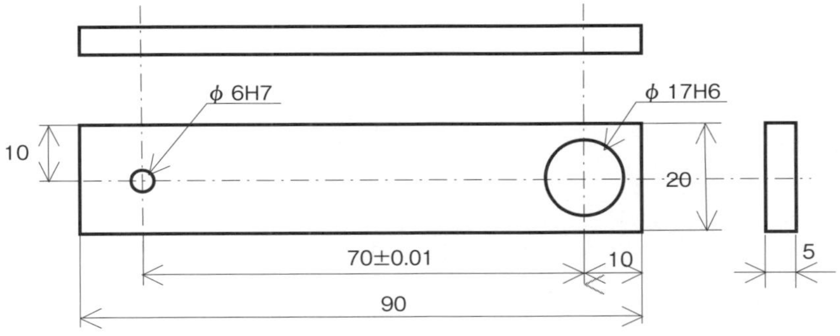

図6.15　加工部品（材質:A6063、二重振り子の腕）

図6.16はφ17mmのエンドミルを使った突き加工（仕上げ）の様子です。図6.15より長く、全長210mmなのでφ6H7の加工後、掴み換えています。掴み換えるとφ17H6との穴間隔精度が心配ですが、この図のように、φ6H7側にピンゲージ（φ6mmのエンドミルシャンク部分を転用）を挿入して、穴位置を揃えるようにしています。

ドリルでφ12mmの穴を開けた後、φ15mmのエンドミル加工を入れるのは、φ12mmからいきなりφ17mmでは切削抵抗が大きくて、バイス固定部分が滑ってしまうことを避けるためです。

図6.17はバイスで固定していた加工物が切削抵抗によって滑り、押し下げられたものです。このようになったら穴の中心がずれた可能性があるので、裏返してバイスに固定し直し、センタードリルのもみつけからやり直します。

２枚の板の穴位置を正確に合わせたいという加工はよくあります。**図6.18**のようにピンで上下の板の位置合わせを行うとよいでしょう。

図6.16　エンドミルの突き加工（仕上げ）

図6.17　失敗例（バイスで滑る）

6.18　大物2枚重ねの穴あけ作業

ここがポイント！

エンドミルを使った突き加工は、仕上げの前にドリルで下穴あけ作業を行う

6-5 フライス盤を使った穴あけ作業（実例-3）

穴のエッジが表面すれすれか、あるいは外に出ているような形状の穴あけ作業はどのようにしたらよいでしょうか。

図6.19のように、φ６の穴の円周部と部品の表面が一致（干渉）しています。このような穴形状の加工はドリルやエンドミルの刃が薄い部分に食い込んだり、表面を押し広げて変形させるので、このままでは加工できません。それではどうするか？

このような場合、干渉側にダミー板を合わせてバイスに挟むことで加工可能になります（**図6.20**）。一緒に固定したダミー板の存在で、ドリルやエンドミルの刃が薄くなった部分での切削抵抗の変化を防ぎ、かつ変形も防ぐためです。図6.19の部品は穴が深いので、エッジの精度を考えると、卓上ボール盤ではなく、フライス盤による加工の方が安心です。

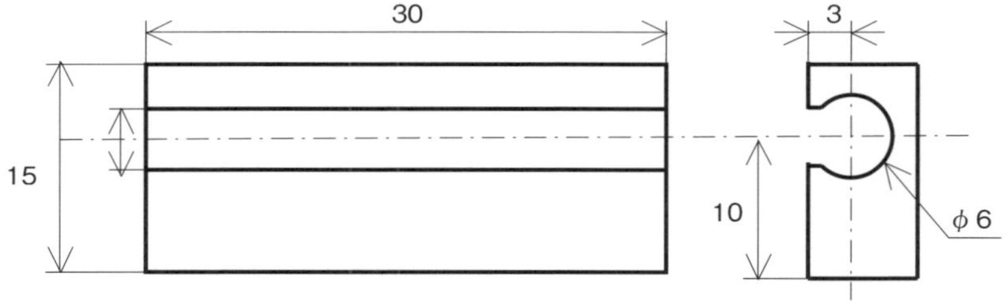

図6.19　面際に穴加工のある部品（材質:真鍮、厚さ:8mm）

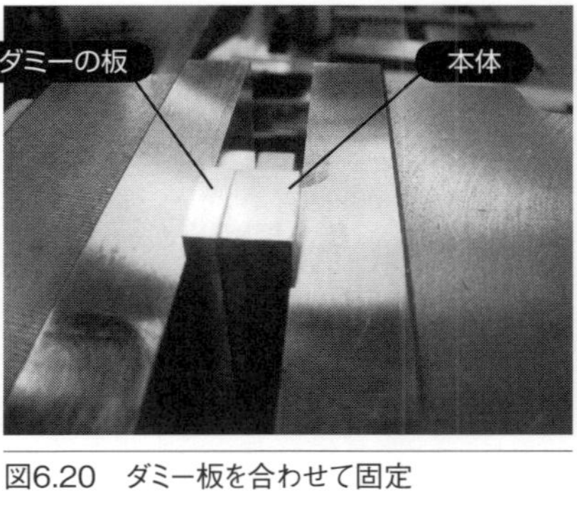

図6.20　ダミー板を合わせて固定

図6.21　最初はセンタードリルによるもみつけ

それでは、手順を追ってみましょう。

①センタードリルによるもみつけ(**図6.21**)

②ストレートドリルによる下穴あけ作業(φ5.3mm、**図6.22**)

③ブローチリーマによる仕上げ加工(φ6H7、**図6.23**)

図6.24、**図6.25**を見てください。穴のエッジと手前の加工物のエッジがリーマ加工終了後もまったく変形していないことがわかります。

このように、ダミーの板をうまく使うことで、エッジ際の穴あけ作業も問題なく行うことができます。このようなエッジ際の加工は、精度や剛性から、卓上ボール盤より、フライス盤を使った加工をお勧めします。外形加工にフライス盤を使うので、穴あけ作業も引き続きフライス盤を使うのが自然な流れです。

ここがポイント！

エッジ際の穴あけ作業はダミー板を上手に使えば簡単！

図6.22　ストレートドリルによる下穴あけ作業

図6.23　ブローチリーマによる仕上げ加工

図6.24　仕上がったφ6H7の穴

図6.25　綺麗に仕上がった干渉部

6-6 ボーリングツールを使った穴あけ作業

フライス盤で利用できるボーリングツールの代表は「マイクロアジャスタブル・ボーリングヘッド（以後単にボーリングヘッドと記す）」です。**図6.26**はボーリングヘッドの各部の名称と機能です。

ボーリングヘッドはスライス盤の主軸に直接取り付けます。ボーリングヘッドは目盛環を回すと、あり溝の摺動機構でバイトホルダが左右にスライドします。目盛環1回転で100 μm動きます。目盛環は100等分の目盛があるので、1目盛10 μm（直径）となります。バイトホルダは4ヵ所の穴（下側に3ヵ所、横に1ヵ所）があり、ここにボーリングバイトを取り付けます。ボーリングバイトはさまざまな形状と大きさのものが市販されており、自分でつくることもできます。

図6.26 マイクロアジャスタブル・ボーリングヘッド

図6.27は、さまざまな形・様式のボーリングバイトです、**図6.28**は、これらのボーリングバイトをボーリングヘッドに取り付けるためのホルダやスリーブです。

ボーリングヘッドにボーリングバイトを取り付ける際、重要なことは、バイトの向きです。バイトの向きが悪いと、バイトの逃げ角とすくい角が変わってしまい、バイトの性能が発揮されません。

図6.29にボーリングバイトを取り付けたら、刃先の方向を示します。このようにボーリングバイトは円運動をするので、その時にバイトの逃げ角とすくい角が正しくなるように取り付けることが大切です。

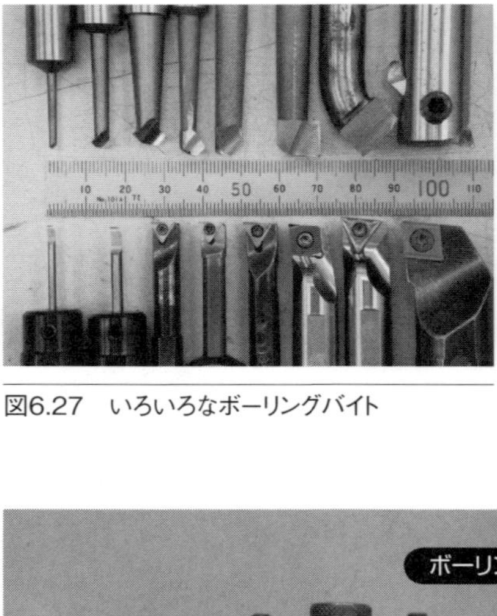

図6.27　いろいろなボーリングバイト

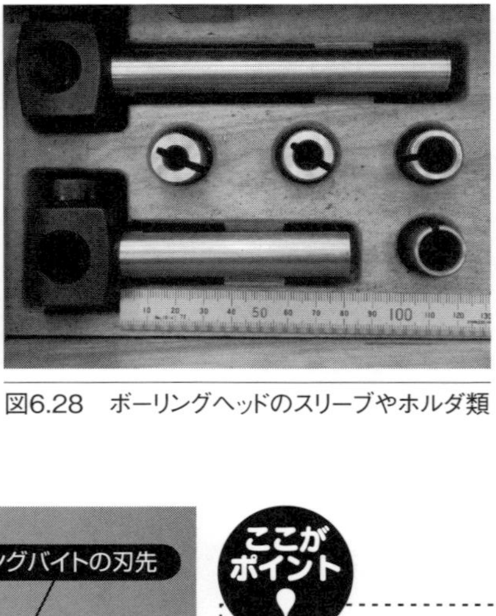

図6.28　ボーリングヘッドのスリーブやホルダ類

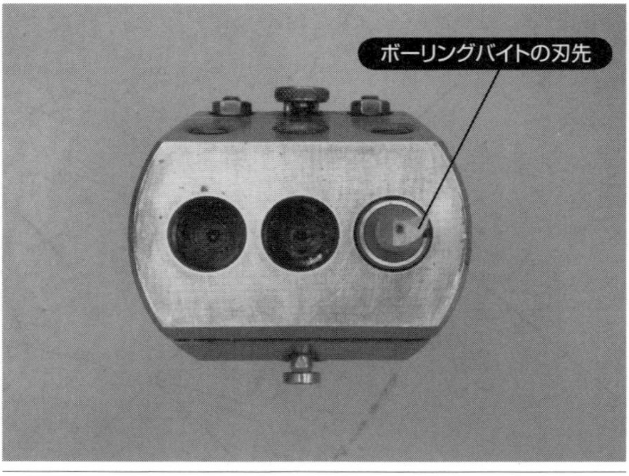

図6.29　ボーリングバイトの取り付け

ここがポイント！

ボーリングバイトは逃げ角が適正になるよう取り付け角度に注意

6-7 ボーリングヘッドを使った穴あけ作業

ジグフライス盤にボーリングヘッドを取り付けて実施する穴あけ作業は、穴の位置精度と穴径および真円度など、いずれも高い精度を実現できます。ここではこの方法を紹介しましょう。

ボーリングバイトを使った穴あけ作業は、連続切削となるのが特徴です。したがって、バイトは旋盤加工と同じだと考えるとわかりやすいでしょう。

全部をボーリングバイトで加工するのは時間がかかるので、ドリルを使って下穴あけ作業を行い、ボーリングヘッドによる穴あけ作業に移行します。この手順は旋盤による穴あけ作業と同じで、徐々に大きくしていって最後に仕上げ工程で目標寸法を得ます。

（1）貫通穴の場合（図6.30、図6.31）

ボーリング加工では直径を正確に測ることが非常に大切です。ここで正しく測れないと高精度の穴あけ作業はできません。3点式マイクロメータなら最高、内測マイクロメータでもOKです。

一般の切削加工と同様に、荒加工から仕上げ加工という手順です。

ここがポイント！
ボーリングヘッドを使った穴あけ作業は旋盤の穴あけ作業と同じ手順

図6.30　貫通穴あけ作業（入り）

図6.31　貫通穴あけ作業（出）

（2）段付き穴、止まり穴の場合（図6.32, 図6.33）

段付き穴や泊穴の底面は、旋盤による内径加工の止まり穴と同様、端面加工が必要です。ボーリングヘッドの中にはカラーに棒を入れる穴があるものがあって、端面加工ができるようになっています。

端面の仕上げ加工では、クイル機構でZ座標の切込み量を与え、ボーリングヘッドのカラーを固定してフライス盤主軸の回転を与えると、ボーリングヘッドの摺動面が主軸一回転あたり100 μmの送り量となって、渦巻き状に刃物が端面をさらっていくように動作します。

端面加工がある場合は、バイトの刃先形状に注意します。端面の中心まで加工したいので、この場合のバイトの直径は穴径の半分以下となります。

図6.32　端面加工（カラーを棒で止める）

ここがポイント！

端面加工のボーリングバイトは穴径の半分以下が必要

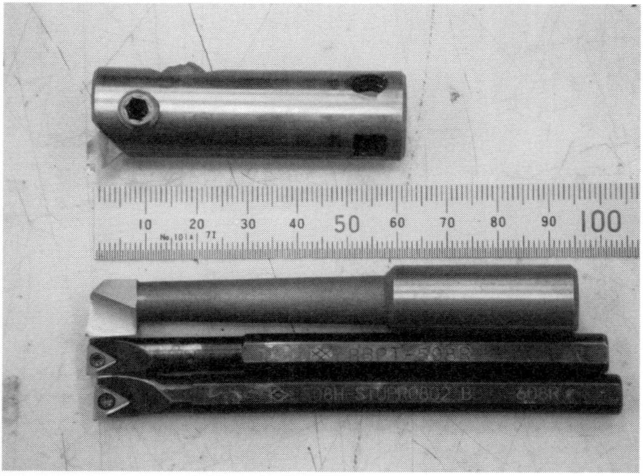

図6.33　穴端面加工に適したボーリングバイトの刃先形状

6-8 NCフライス盤による穴あけ作業の問題点

NCフライス盤で円を一周するプログラムによる穴あけ作業を行ったとき、真円度を確認する必要があります。

図6.34のようにNCフライス盤で円周加工をすると、X軸とY軸が交互に動き、円弧を描いていきますが、X軸とY軸に交わるところで、速度ゼロの領域を通り、駆動方向が反転することになります。これを「変極点」といいます。制御を勉強された方はお気づきと思いますが、この変極点は、制御装置の最も苦手なところで、制御装置の性能によってあるいはテーブルの直線案内機構の状態によってこの部分に大きな誤差を生むことがあります。つまり、1/4周ごとに、異なる誤差を累積しているということです。したがって、お手持ちのNCフライス盤が正しく円周加工を行えるかどうかは制御装置の調整が不可欠であると同時に、必ずピークメータなどで真円度を測定し、要求された精度以内に収まっているかを確認する必要があります。

この点、**図6.35**のようなボーリングヘッド使った穴あけ作業では真円度の問題はないので、真円度が重要な場合はNCプログラムの円周加工に頼らず、ボーリングヘッドを使った方がよいことになります。

ここがポイント！

❶NCを使った丸穴あけ作業は真円度が制御機能によって誤差を生む
❷真円度の高い穴あけ作業にはボーリングヘッドを使う

図6.34　NCによる丸穴あけ作業

図6.35　ボーリングヘッドを使った穴あけ作業

6-9 フライス盤の熱変位とその対策

フライス盤の高いX-Y座標精度を利用するためには、フライス盤の熱変位について理解しておくことが必要です(**図6.36**)。

フライス盤は旋盤と異なりワークからツールまでの距離(熱パス)が長いので、温度変化による熱膨張の影響を大きく受けます。旋盤はワークからツールまでの距離が短く、フライス盤の1/5～1/10なので熱の量は小さくてすみます。

特に、主軸の温度上昇による変形の影響は大きく出ます。たとえば、汎用フライス盤の主軸を1000rpmで2時間程度連続運転した場合、Z軸は100μm以上、Y軸でも30～50μm変位します。しかし、一度機械の温度が一定になってしまえばこのような変位は止まります。

温度が一定なった状態で仕上げ加工を行なうことで、機械の熱変位の影響を受けずにフライス盤の高い精度をいかせるのです。

工作機械が運転状態でどのように変位していくかを調べておくことは大変重要で、高精度加工を実現するための重要な一歩となります。

図6.36　ワークからツールまでの距離が長い

ここがポイント!

フライス盤は旋盤より熱変位の影響を受けやすい

第7章

旋盤による穴あけ作業

7-1 旋盤による穴あけ作業の基礎

旋盤による穴あけ作業で最も特徴的なのは、自由に雌ねじを加工できることでしょう。口径の大きなねじの加工は旋盤の独壇場です。この章では旋盤による雌ねじ穴あけ作業を見ていきます。

旋盤の使い方については本書の姉妹編である「目で見てわかる旋盤作業」（澤 武一著、日刊工業新聞社発行）をご覧ください。本書では詳細な説明は省略しますが、汎用旋盤を簡単に紹介しておきます。

図7.1は工業高校や大学の実習工場で多く使われている４尺旋盤です。小形ですが旋盤としての機能はすべて備えており、立ち位置にブレーキがあるので安全性が高く、初心者の訓練用として最適です。このようなことから、私たち大学の工作室にも複数台入れており、実験装置をつくる主力の工作機械として活躍しています。

図7.2は産業界で広く使われている６尺の汎用旋盤です。４尺旋盤とは違い、ブレーキはありません。往復台の右にあるレバーにて正転・逆転を切り換えるのですが、正転時にこのレバーを反転に入れてすぐに戻す操作で急停止させることができます。町工場の職人さんはこれを見事に使いこなしています。

ここがポイント！

実習用の4尺旋盤は初心者向けのブレーキが付いていて安全

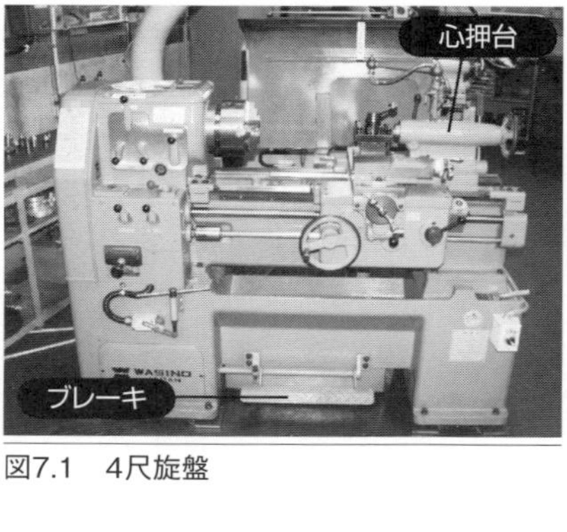

図7.1　4尺旋盤

図7.2　6尺旋盤

旋盤を使った穴あけ作業の特徴は、主軸のチャックで加工物を掴んで回転させ、心押台にドリルなどの刃物を取り付けて、心押台のドリルを繰り出す機構を使うことにあります。

心押台はモールステーパ（MT）となっており、ドリルチャックもワンタッチで取り付けられます。旋盤はボール盤よりはるかに剛性が高いので、４尺旋盤でもφ50mmのドリルによる穴加工も無理なく行えます。

旋盤による穴あけ作業の手順を見ていきましょう（**図7.3～図7.6**）。

①工作物を主軸チャックに取り付けます。ボール盤で穴をあける時にはセンターポンチを打つところから始めましたが、旋盤では「センタードリル」を使うので、ドリルチャックを心押台に取り付けます。テーパシャンクドリルは少し入ればOKです。深く入れると折れます。

②次に、φ13.0mmを超える大きい穴ならテーパシャンクドリルを使うので交換します。テーパシャンクドリルのねじれ溝のある部分を持って心押台に打ち込むのですが、素手で持つとケガをすることがあるので、

図7.3　大口径ドリルを使う

図7.4　ドリルチャックを装着

図7.5　センタードリル加工

図7.6　センタードリルは必要以上に深く入れない

図7.7のように必ずウエス（ぼろ布）で手を保護してください。

③次に目的の直径のドリルで穴あけ作業をします。ステンレス鋼にφ50mmのような大きな穴をかける場合は下穴加工を行ってドリルの刃の負担を減らしますが、アルミニウム合金や真鍮では必要ありません。**図7.8**のように、特に真鍮に貫通穴をあける場合は、反対側にドリルの刃が出る時に食い込んでしまうことが多いので、下穴なしで、センタードリルから直接大きいドリルを使います。**図7.9**は中ぐりバイトによる仕上げの様子、**図7.10**はスーパードリルの使用例です。

ここがポイント！

❶テーパシャンクドリルを装着する時はウエスで手を保護
❷真鍮の貫通穴は、あけ際で刃が食い込むので注意

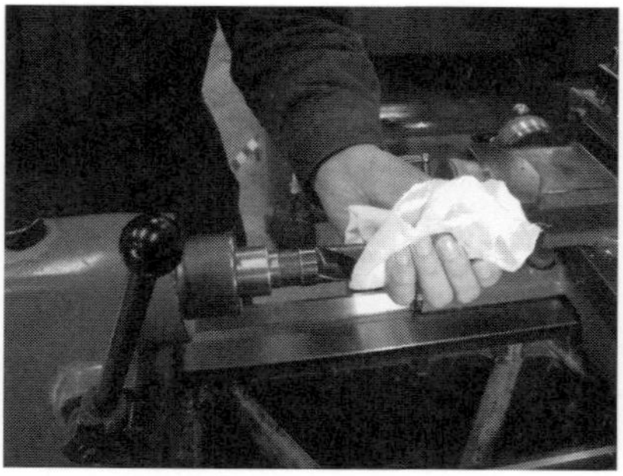

図7.7　手を保護する

図7.8　大口径ドリルで加工

図7.9　中ぐりバイトによる仕上げ

図7.10　スーパードリル

7-2 工作物の固定方法

旋盤を使うメリットは、旋盤のさまざまなチャックを用いることで多様な形状の工作物を確実に固定し、高精度の穴あけ作業ができることです。ボール盤では固定が難しかった加工も旋盤を使うとできることが多くあります。

このような例をいくつか紹介します。

四つ爪チャックや面板を使うと偏心加工ができます（**図7.11**、**図7.12**）。規格外のねじ加工は旋盤の独壇場です。

段の付いた薄い円盤とか、カメラレンズのような複雑な形状の加工物は固定方法が難しく、ボール盤では穴あけ作業がしにくいのですが、旋盤の生爪《なまづめ》を用いればしっかり固定できます（**図7.13**、**図7.14**）。

図7.11　四つ爪による偏心加工

図7.12　面板による穴あけ作業

図7.13　生爪による薄物の固定

図7.14　複雑形状物の固定

図7.15は円盤の中央に大きな穴をあける作業を突切りバイトで行っています。端面からの突切り加工は熟練が必要ですが、この後のOリング溝加工などを考えると、大幅な加工時間短縮が図れます。

図7.16は小口径のボーリングバイトを使った精密穴あけ作業です。リーマが使えない段付き穴の場合、マイクロ・ボーリングヘッドを使った加工では時間がかかってしまいます。

図7.17は、四つ爪で角板を掴み、突切りバイトでφ140mmの穴あけ作業をしています。旋盤のチャックに工作物を固定できるなら高精度の穴加工は旋盤の方が断然有利です。

図7.15　フランジの大穴加工

ここがポイント！

大口径の穴あけ作業は旋盤の突切り加工が有利（図7.18）

図7.16　中ぐりによる小径精密穴加工

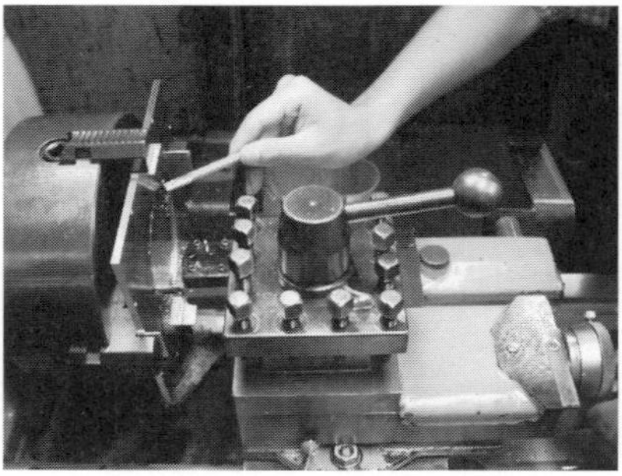

図7.17　角板への大径穴加工

図7.18　面板による大径穴加工

7-3 旋盤によるねじ穴あけ作業

旋盤による穴あけ作業で、最も威力を発揮するのは雌ねじ加工です。

タップでできる雌ねじ加工はボール盤で十分ですが、JIS規格の標準ねじでも、口径の大きな細目ねじは種類も多く、価格も高いことから、タップを買い揃えることは非現実的です。

近代の旋盤(1790年イギリスのH・モーズリが発明したといわれる)の特徴は、自由にねじ加工ができることでした。したがって、ねじ切り機構を使わない手はありません。

本書は穴あけ作業ですが、ねじ切り加工の手順を確認するため、UNC1/4-20(インチ標準ねじ、外径1/4インチ、ピッチ20)の雄ねじ加工の手順を紹介しましょう。

①旋盤のねじ切り送り表を見て掛替歯車や各レバーを確認(**図7.19**)

②主軸台のカバーを開けて歯車をインチ側に掛け換え(**図7.20**)

③主軸台の切り換えレバーを送り表に合わせる(**図7.21**)

④タンブラ・ギアを送り表に合わせる(送り表は4番を示す、**図7.22**)

図7.19　送り表

図7.20　歯車をインチ側に掛け換え

図7.21　切換レバー

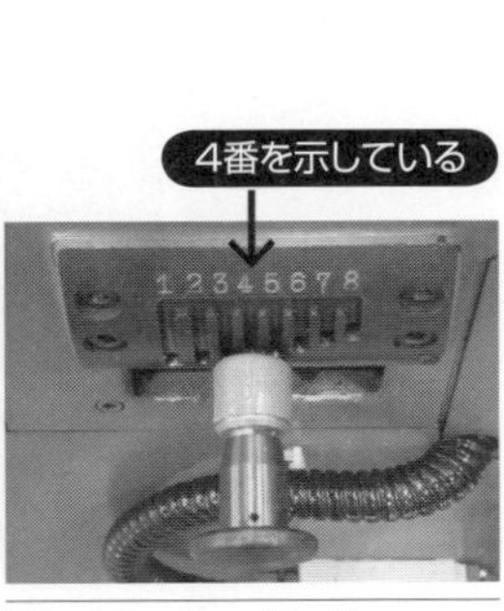

図7.22　タンブラ・ギア

⑤センターゲージでバイト刃先の角度(向き)を合わせる(**図7.23**)
⑥旋盤のX軸(横送り)を動かして刃先と加工部分を合わせる(**図7.24**)
⑦横送りハンドルのカラー目盛をゼロに合わせる(**図7.25**)
⑧往復台のねじ切り送りレバーを下げて、ねじ送りを機能させる(**図7.26**)

図7.23　センターゲージ

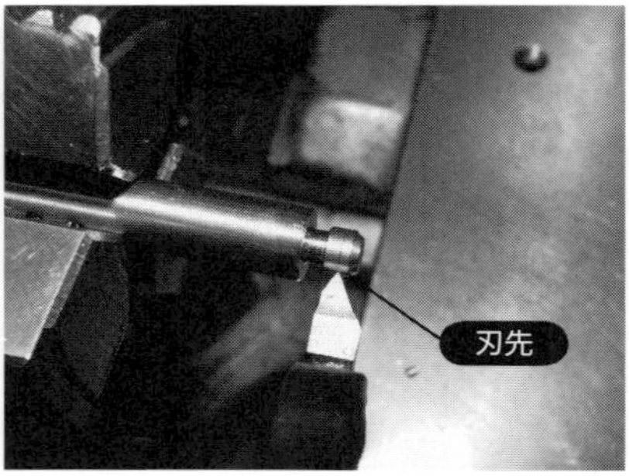

図7.24　刃先を加工面に合わせる

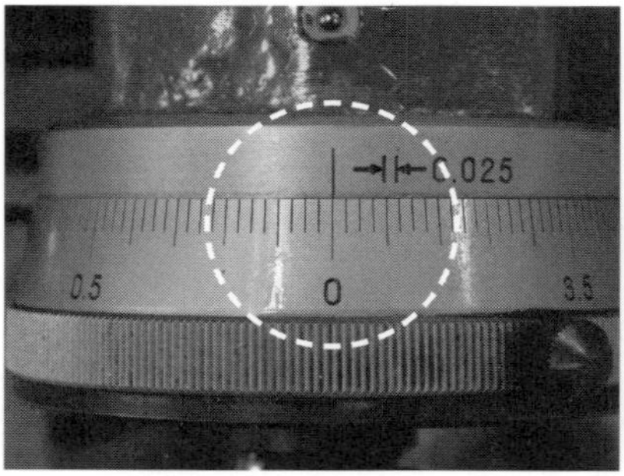

図7.25　カラーをゼロに合わせる

図7.26　ねじ送りレバーを下げる

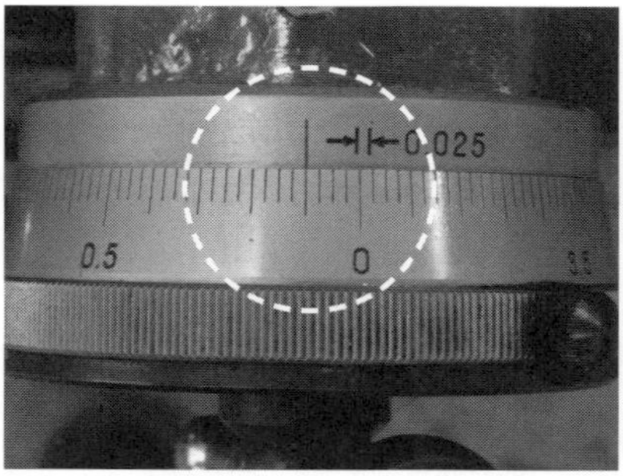

図7.27　X軸の切り込みを0.1mm進める

図7.28　ねじ切り加工開始

⑨X軸の切り込みを0.1mm進める(**図7.27**)

⑩正転で加工開始、切り上げ溝で停止、バイトを引いて反転(**図7.28**)

⑪順次0.1mmずつ切り込みを増やし、ねじ溝を深くする(**図7.29**)

⑫最後は切り込みを0.025mm程度にして仕上げる(**図7.30**)

⑬これでねじ加工は完了(**図7.31**)

⑭インチに合わせたので、標準のメートル側にギアを戻す(**図7.32**)

この手順は、ねじ部分が比較的短い場合のものです。長いねじ加工の場合は反転でバイトを戻さず、図7.26の右側にあるインジケータを使って、同期する位置でねじ切りレバーを操作します。

ここがポイント!

❶送り表の見方に注意!　上の数字がタンブラ·ギアの番号

❷掛け換えギアは必ずメートル側に戻すこと

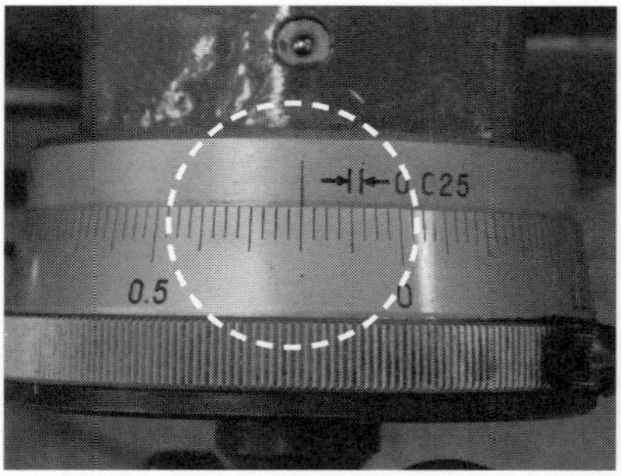

図7.29　さらに0.1mm進める

図7.30　最後の仕上げ加工

図7.31　ねじ加工完了

図7.32　メートル側にギアを戻す

7-4 雌ねじ穴あけ作業

雄ねじ加工と手順は同じです。しかし、雌ねじ切り加工は、バイトの刃先がどこにあるのかが見えません。**図7.33**のように大きな直径の雌ねじなら直接見ることができますが、穴が深かったり、直径が小さいと、**図7.34**のように刃先がまったく見えないのです。

これでは、バイトの刃先が「切り上げ溝」に達したかどうかを見ることができません。こんな時、**図7.35**、**図7.36**のようにバイトのシャンクに印を付けておくと目安になります。ベテランの職人さんは、目印の他に音で聴き分けています。バイト刃先が切り上げ溝に達すると切削のわずかな音が途絶えます。これを聴き分けて、バイトを退避するのです。

図7.33　大径雌ねじ加工

図7.34　バイト刃先が見えない

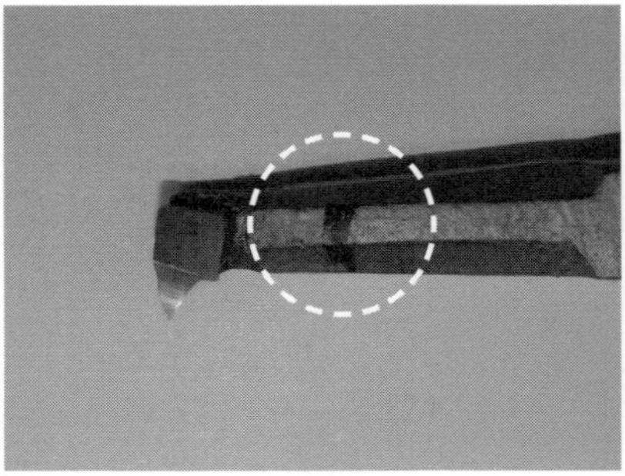

図7.35　シャンクに付けた印

図7.36　印まで入ったらOK

第8章

電気ドリル

実は難しい電気ドリルによる穴あけ

8-1 電気ドリルの基礎のきそ

第1章で、いろいろなタイプの電気ドリルを紹介しましたが、この章では、電気ドリルの特徴と、安全に狙ったところにちゃんと穴があけられるようになるための「ノウハウ」を紹介します。

電気ドリルはどこででも自由に使えることが大きな特徴ですが、その使い方は意外に難しいものです。狙ったところから穴がずれてしまうだけでなく、使い方を間違えればケガをすることもあります。

第1章でも紹介しましたが、改めてさまざまな種類の電気ドリルを見て、その特徴を確認しておきましょう。

図8.1は標準的なAC100Vのコード付き電気ドリルです。主に小径ドリルを使った穴あけ用ですが、クラッチ機構と回転数調整機能がある場合はドライバビットを使ったねじ締め作業に便利です。

図8.2はハンドル付き電気ドリルです。やや大きめの電気ドリルで、重くなるため主軸スピンドルの横にハンドルが出ています。このハンドルを保持することにより回転力を受けられるので大きい径の穴あけ作業の安全性が増します。こちらもAC100V仕様です。

両方ともAC100V仕様なので屋外で使用するときは漏電に注意してく

ここがポイント！

AC100Vのコード付き電気ドリルは漏電に注意

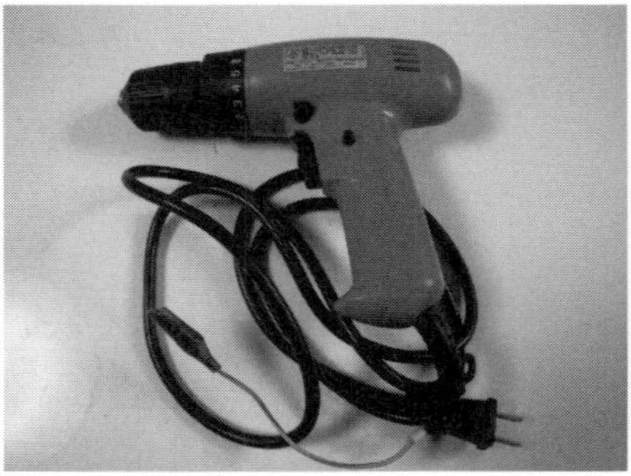

図8.1　標準的な小形電気ドリル

図8.2　ハンドル付き電気ドリル

ださい。電気ドリルは感電事故が最も多く、濡れないことが重要です。

屋外作業でなくても、AC100Vのコード付きはACラインの取り回しで、足に引っかけるなどの事故の可能性もあることから、最近では充電式の電気ドリルが盛んに使われるようになりました。

図8.3のように、バッテリをハンドルの下に備えているものが多く、AC100Vのコード式より相対的に大きくなりますが、ACコードがない分、取り回しも楽で、感電などのリスクが少なく、安全性が高いといえます。

バッテリは予備を用意して、現場では**図8.4**の充電器の一緒に持っていき、交互に使えるようにすると便利です。

コンクリートに穴をあけるには「振動ドリル」を使います。第2章のドリルにコンクリートドリルを紹介していますが、**図8.5**のように、この振動ドリルがないとコンクリートに穴をあけることはできません。

電気ドリルは、一般の工作機械とは異なり、長時間連続使用することはできません。連続使用すると電気ドリルが過熱して、持つことができ

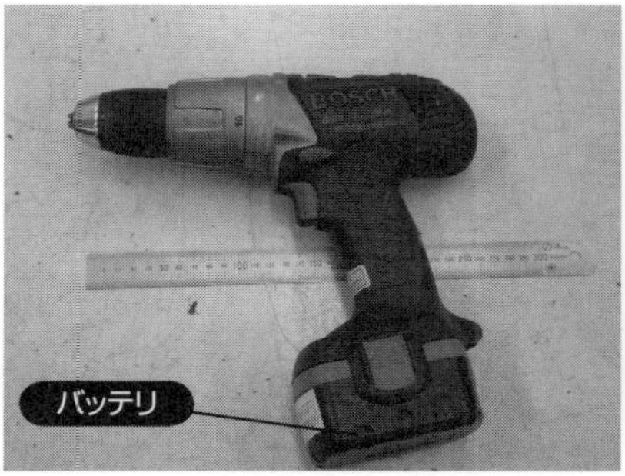

図8.3　充電式電気ドリル

図8.4　予備バッテリと充電器

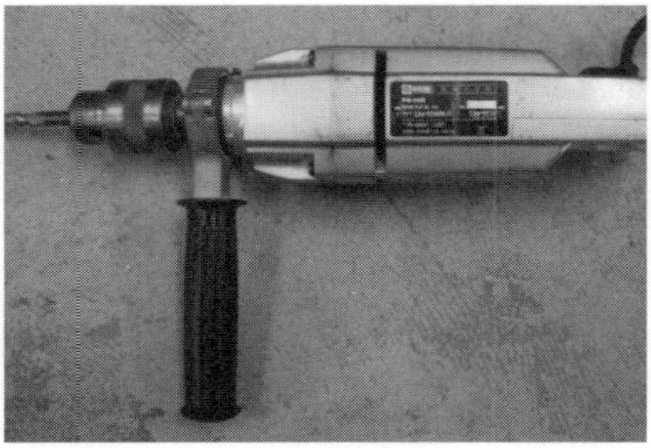

図8.5　コンクリートドリル

ここがポイント!

充電式ドリルは安全性が高い

なくなります。電気ドリルには**図8.6**にように定格時間が記載されています。

もし連続して作業する場合は、複数の電気ドリルを用意するべきです。

電気ドリルはドリルチャックを交換することができないので、ドリルチャックを痛めないように注意します。

図8.7は電気ドリルのドリルチャックです。右側のドリルチャックは専用のチャックハンドルが付いています。左側のキーレスチャックはハンドルを必要としないので保守・管理が楽です。

次項から電気ドリルの持ち方などを紹介しますが、わかりやすいように作業台の上に鉄板を載せて写真を撮りました。実際にはこのような理想的な姿になりませんが、横向きも基本は一緒です。電気ドリルに振り回されないよう、加工面にドリルが垂直にしっかり保持することが基本です。

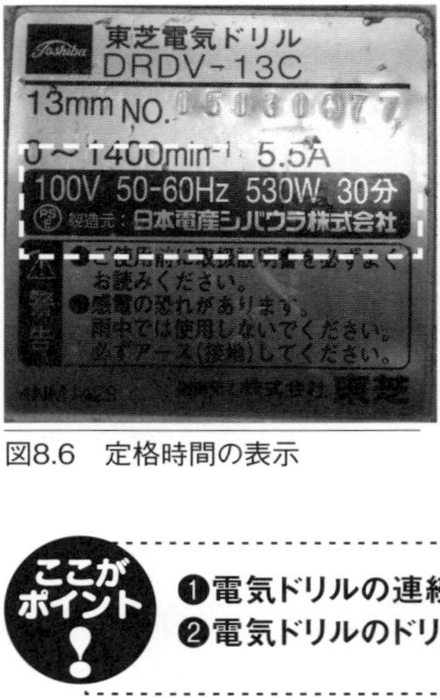

図8.6　定格時間の表示

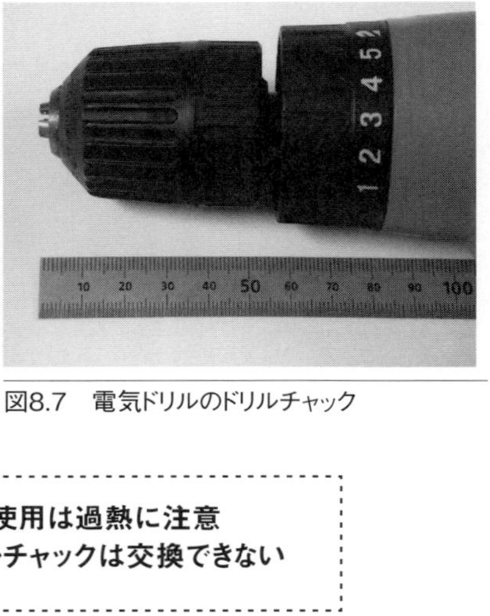

図8.7　電気ドリルのドリルチャック

ここがポイント！

❶電気ドリルの連続使用は過熱に注意
❷電気ドリルのドリルチャックは交換できない

8-2 電気ドリルの持ち方

電気ドリルを使うときは「軍手」などの手袋の使用はきわめて危険です。不用意に手袋をしていると、切りくずによって指を巻き込まれ、大ケガを負うので、手袋などは使用しないでください。これが旋盤やフライス盤、ボール盤など回転部分がむき出しになっている工作機械を操作する時の原則です。電気ドリルの使い方は単純です。ドリルの刃を加工面に垂直に立てて、真っ直ぐ軸方向に力を加えるよう電気ドリル本体をしっかり押さえることにつきます。

図8.8、図8.9のように、右手で電気ドリルの握り部分をもち、左手でドリルに垂直に力が加えられるよう支えます。このように両手で持つことにより、穴が貫通する直前の食い込みも抑えられ、ドリルをもっていかれることも少なくなります。

ここがポイント！
① 電気ドリルを使うとき、軍手などの保護手袋は使用しない
② 電気ドリルは垂直に保持する
③ 電気ドリルは両手で持つ

図8.8 右手の構え方（右腕の脇を締めて）

図8.9 左手の使い方（左手は電気ドリルを支える）

第8章 電気ドリル

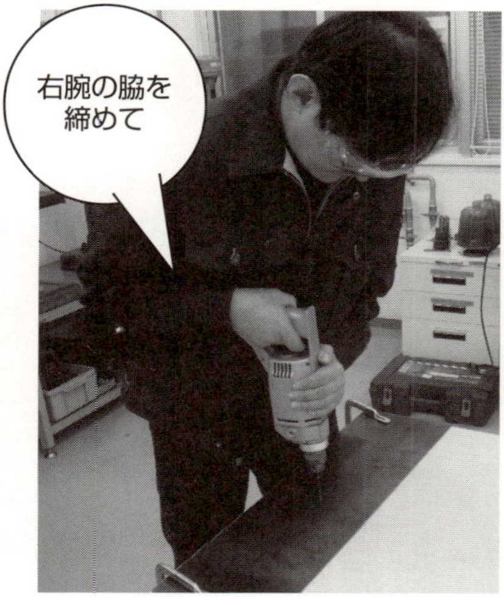

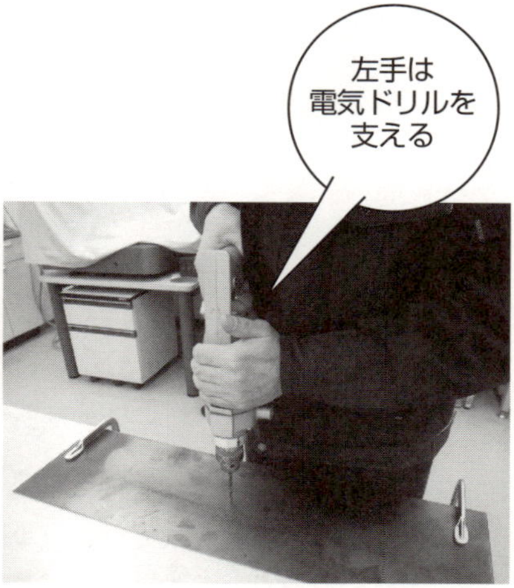

図8.10は電気ドリルを片手で持った状態です。**図8.11**のように両手で持った形と比べると、安定度の違いがよくわかります。電気ドリルはできるかぎり両手で持つようにしましょう。

図8.12、**図8.13**はハンドル付き電気ドリルです。φ13mmのドリルまで掴める大形のドリルチャックを装着している電気ドリルは、主軸軸受の横に大きなハンドルを取り付けられるようになっています。これを左手でしっかり握り、ドリルのパワーに負けないようにしっかり押さえることができます。

このように脇を締めて、しっかり電気ドリルを持てるようになると自然に垂直も出るようになります。

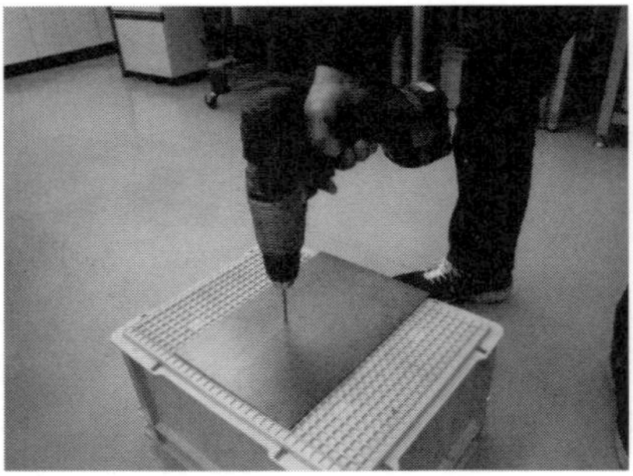
図8.10　片手で保持（不安定）

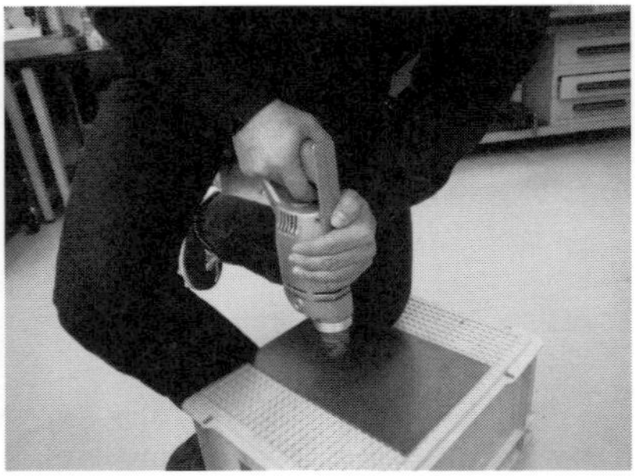
図8.11　両手保持の力の方向

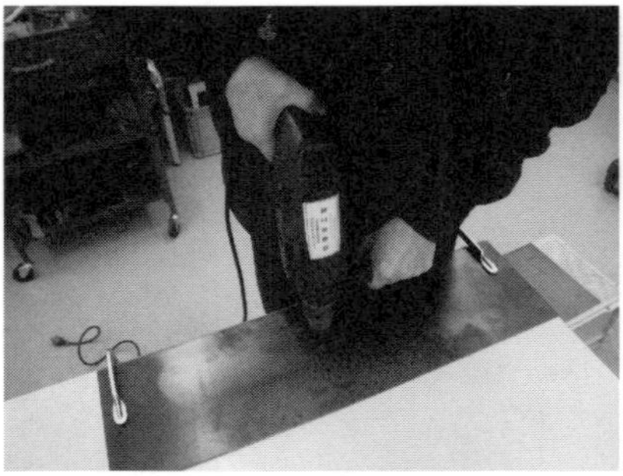
図8.12　ハンドル付き電気ドリルの持ち方

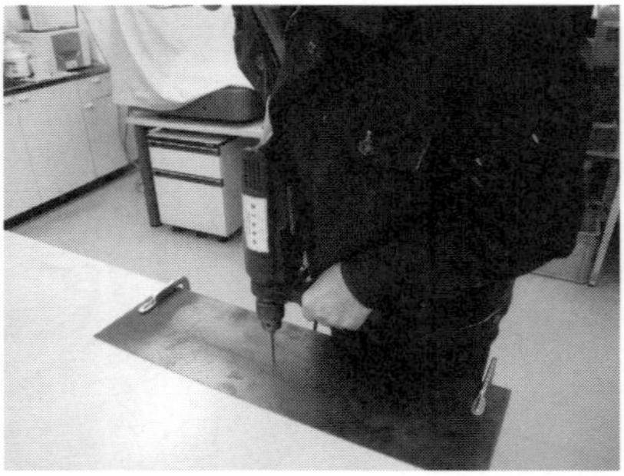
図8.13　脇を締めて

ここがポイント！

ハンドル付きの電気ドリルはφ13mmのドリルまで使用可能

次に紹介するのは横軸の電気ドリルです。

狭い所に穴加工をする時は、横軸の電気ドリル以外に方法がありません。設計でこのような加工にならないよう工夫したいところですが、開発時の追加加工や、修理の場合にやむを得ず使うことになります。

図8.14は横軸電気ドリルの基本的な持ち方です。横軸であるため、ドリルを垂直に押すのが難しいのですが、**図8.15**のように狭い場所をうまく利用して、ドリルの真上を垂直に押す支持方法を考えます。

図8.16のように、低い位置で電気ドリルを使う場合は、足やひざを上手に使います。左足でしっかり工作物を固定し、その足を電気ドリルの固定する支えに使います。充電式電気ドリルの下を右足のひざがしらに当て、左手は工作物を踏んでいる左足を左手の支えとしています。

電気ドリルは気軽に使われがちですが、現場作業が多いので、安全靴、安全メガネは必ず着用するようにしましょう。

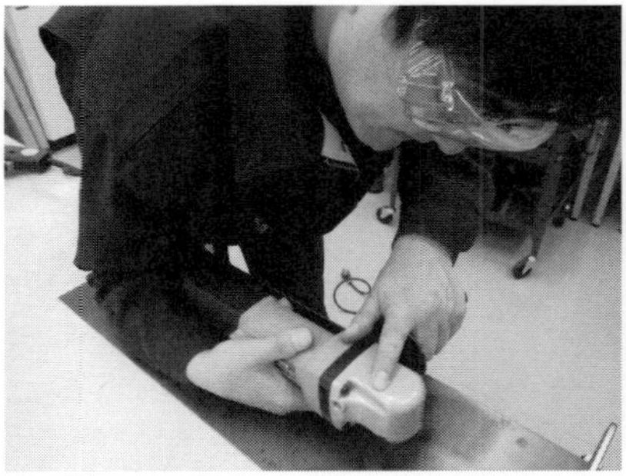

図8.14　横軸電気ドリルの基本的な持ち方

図8.15　横軸電気ドリルの使用例

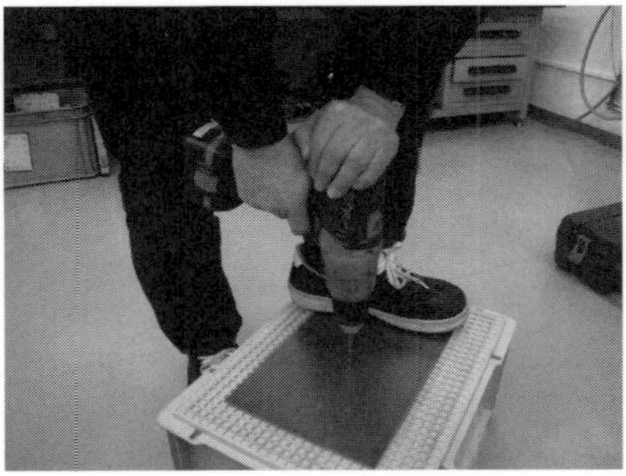

図8.16　左足で工作物を固定する

ここがポイント！

電気ドリルを使うときは、安全メガネ、安全靴を着用

8-3 電気ドリルを使った穴あけ作業

電気ドリルの穴あけ作業は、工作機械のように工作物と刃物工具（ドリル）の位置関係をしっかり固定できないので、中心がずれてしまいます。これを防ぐには、いくつかの手順があります。電気ドリルによる穴あけ作業を実践し考えながら、卓上ボール盤の場合との違いをみていきましょう。

（1）前作業・・・ポンチ打ち

まず穴あけ作業の前に行う、センターポンチが重要です。**図8.17**のように、センターポンチはボール盤作業の時よりも強く打って、しっかりポンチ痕を付けます。

ポンチを強く打てない場合は、**図8.18**のように、ガイド穴として加工したい穴径の1/3程度の細いドリルで浅く穴あけ作業をします。

旋盤による穴あけ作業の場合センタードリルを使いますが、電気ドリルの場合は普通のドリルを使います。これはボール盤でも同じです。

ポンチの中心とドリルの中心が少しずれているとき、ドリルが適当にしなってポンチの中心にドリル先端が倣《なら》ってくれます。この性質を利用して、下穴を正確にポンチセンターに開けることができます。

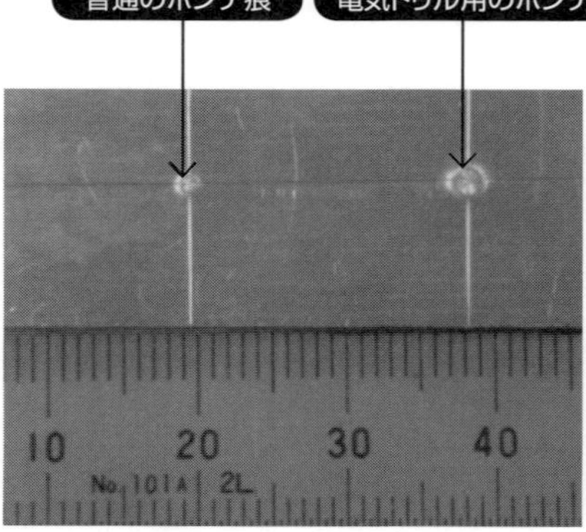

図8.17　深く打ったセンターポンチ

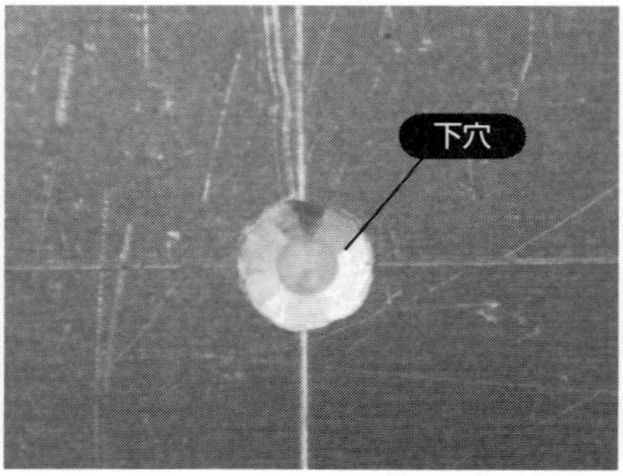

図8.18　ガイドとなる下穴

（2）穴あけ作業開始

ポンチ痕、あるいは下穴にドリル先端を合わせて、電気ドリルを垂直に保持します。この状態では垂直に力を加えることも重要です。もし斜めに力が加わると、ドリルがしなって表面近くの穴の形が長円に広がってしまいます(**図8.19**)。こうなると後の加工などに支障が出ます。たとえば、タップによるねじ切りができたとしても、ねじ強度は不足します。**図8.20**のように中心がずれても困ります。これでは穴あけ作業は失敗ですね。

（3）止まり穴の深さ

止まり穴を加工する場合は、深さをコントロールする必要があります。ボール盤の場合はメモリがあるので穴の深さを知ることができますが、電気ドリルの場合は何もありません。こんな時には**図8.21**のように、ドリルの刃にマジックなどで印を付けるとよい目印になるでしょう。

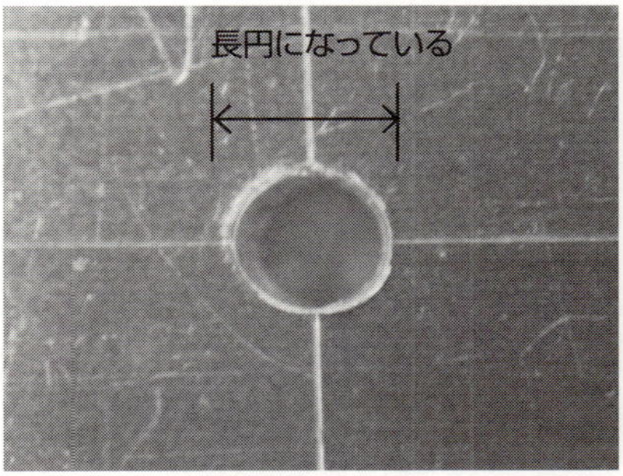

図8.19　長円になった穴加工の跡

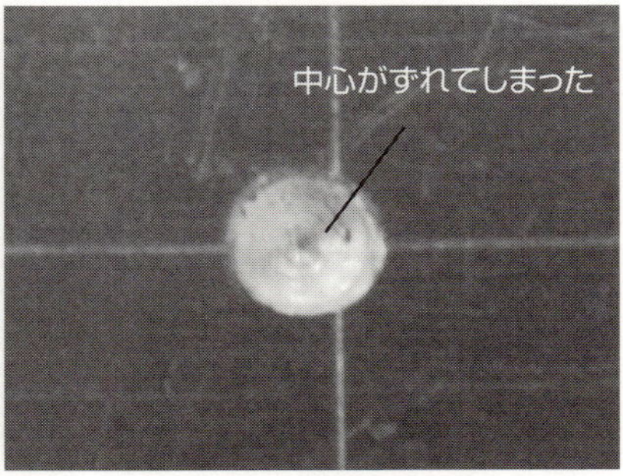

図8.20　斜めになった穴

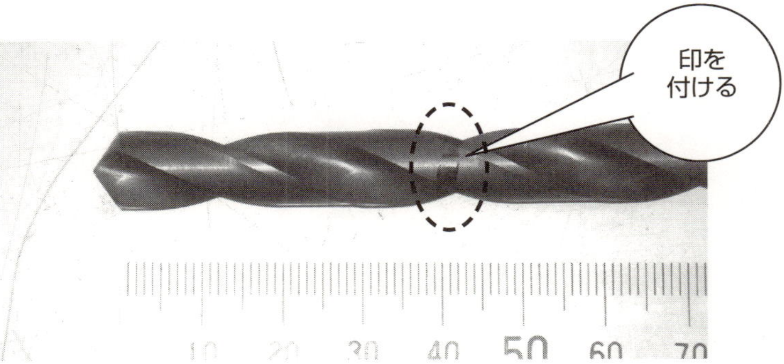

図8.21　目印を付けたドリル

（4）貫通する際の注意

穴あけ作業は「穴が貫通する直前」が最も危険です。ドリルの刃先が材料に食い込んで急に負荷が大きくなり、電気ドリルを振られたりドリルを折損することがあります。ドリルの先端が反対側に達すると急に先端部分の抵抗がなくなって、押す力でドリルの刃が大きく進み、過負荷となってしまうのです。

ドリルの食い込みを防ぐには、ドリルが反対側に近づいたら食い込みを予測し、押す力を弱めて電気ドリルをしっかり保持し、ドリルが引き込まれないよう注意します。しかし、電気ドリルは手で保持しているため食い込みの防御が難しいので、もし可能であれば裏側に板を固定しておくと、貫通時のショックを弱めることができます（図8.22）。

ここまで、電気ドリルを使った穴加工のポイント、ノウハウを順を追って解説してきましたが、まだまだたくさんのノウハウがあります。実際に穴加工をする時に注意深く観察し、どうしたら上手に穴加工ができるかを考えながら作業を進めることが上達の近道です。

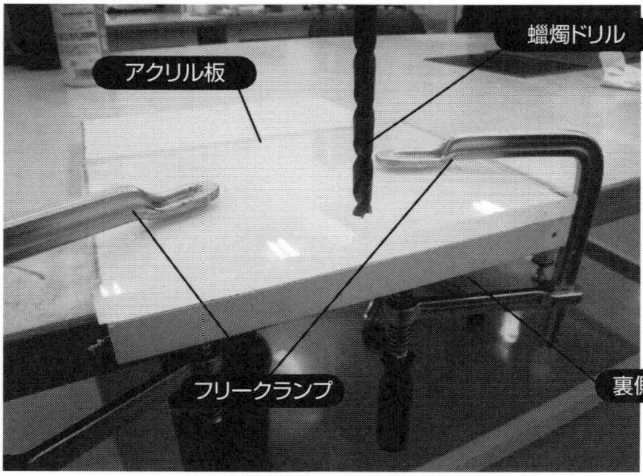

ここがポイント！

あけ際に注意を集中し、引き込まれないようにする

図8.22　裏側に板を当てて貫通のショックを緩和する

8-4 電磁石固定式電気ドリル（アトラー）

電磁石で鉄の構造物（加工物）に強固に固定し、穴加工を行う「電磁石固定式電気ドリル」があります。これは商品名をとって「アトラー」とも呼ばれているもので、大きな鉄骨など工作機械が使えないときに重宝します。

電磁石固定式電気ドリルはAC100V仕様とAC200V仕様があり、現場の状況に応じて使い分けます。

電磁石固定式電気ドリルは、簡易式ボール盤ともいうべきものです。**図8.23**は電磁石固定式電気ドリルです。主要部の名称と機能を説明します。垂直は保障されているので、あとは穴の心を合わせるだけです。

図8.23　電磁石固定式電気ドリル（アトラー）

①電気ドリル本体

電気ドリル本体には先端にドリルチャックがあり、にぎりハンドルには引き金式の主軸スイッチがあります。にぎりハンドルに手をかけると人差し指が引き金部分にくるようになってますが、ONの状態で保持できるようになっています。

②垂直案内機構と上下動ハンドル

電気ドリル本体は垂直案内機構でしっかり固定されており、上下動ハンドルを回すことによって電気ドリルを上下に動かすことができます。この垂直案内機構はロックナットで動きの渋さを調整できます。

③電磁石と電磁石スイッチ

電磁石スイッチを入れると電磁石が稼働し、鉄材に強力に引きつきます。

④電磁石離脱ねじ

電磁石スイッチを切っても磁力はまだ残っており、強力に鉄材に吸いついたままなので、離脱用のねじを回して電磁石と鉄材に隙間をつくります。いったん隙間ができると電磁石は機能を失い、固定を解除できます。

ここがポイント！
電磁石スイッチを切っても磁力は残っている

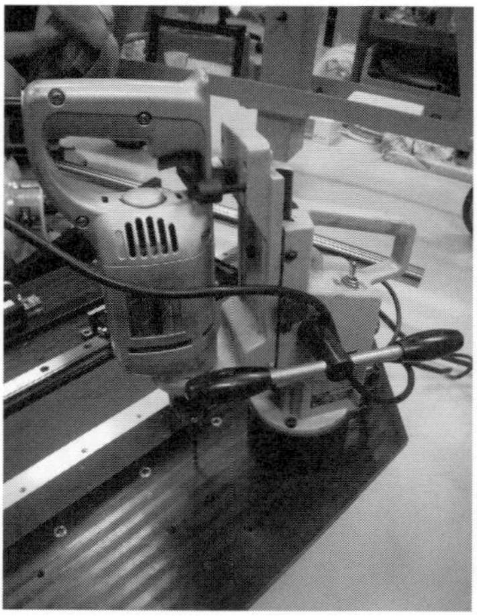

図8.24　大きな板の穴あけ

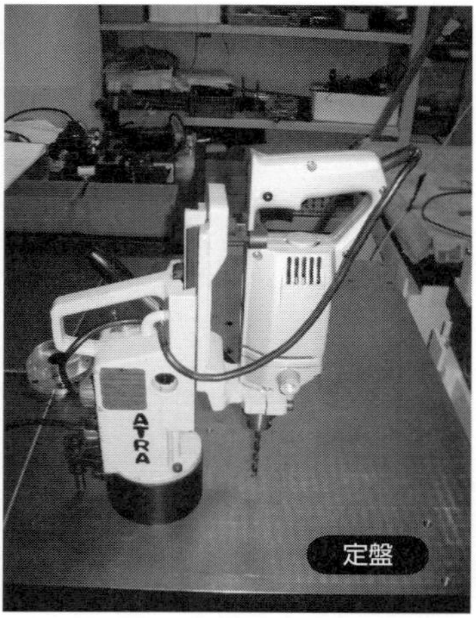

図8.25　鉄定盤の加工

(1) 電磁石固定式電気ドリル(アトラー)の使用例

図8.24は大きな鉄板の部品に穴をあける作業です。この鉄板は長さ1.8m、幅0.7m、厚さ12.0mmのもので、重量が100Kgを超えるので、工作機械に載せるよりは電磁石固定式電気ドリルを使った方が作業は楽です。

図のように、組立途中で穴の位置を調整しながら加工するなど、穴あけ作業の工程を自由に配置できることも大きなメリットです。

図8.25は大きな鉄定盤《じょうばん》(約1トン)の上に穴をあける作業です。小形電気ドリルでも小口径の穴加工なら可能ですが、位置精度を良くしたい場合は、電磁石固定式電気ドリルが便利です。

電磁石固定式電気ドリルで穴の位置精度を良くするためには、けがき作業やセンターポンチ打ちが正確であることが重要です。そのうえで、センターポンチの中心にドリルの中心を合わせることも重要です。

図8.26はセンターポンチの真上にドリル先端があることを確かめているところです。ポンチ痕にドリル先端が触れたとき、真上であればドリル先端の位置は動きませんが、ずれていると動きます。これを目で確認します。真正面で見て、次に90° 真横で見て、両方ともドリル先端がずれないようならOKです。

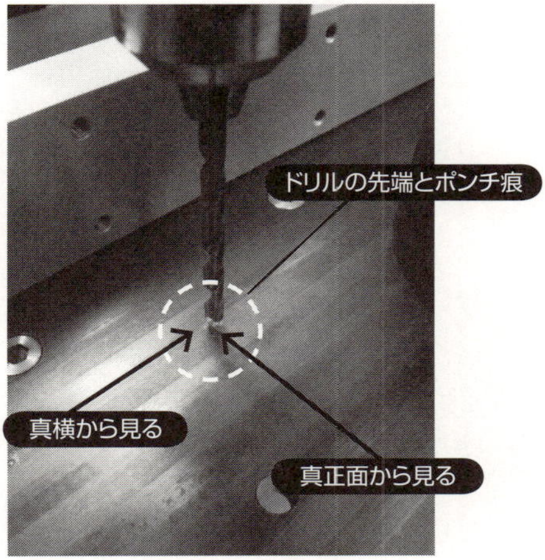

図8.26　ポンチ痕とドリルを合わせる

(2) 電磁石固定式電気ドリルの心合わせとコツ

電磁石固定式電気ドリルの心合わせはちょっとしたコツがあります。その手順を紹介します。

①大まかにドリル先端をポンチ痕と合わせて、一度電磁石のスイッチを入れて固定する。

②電磁石スイッチを切り、ハンドルを回してポンチ痕にドリル先端を軽く合わせて主軸を回転させ、ずれの有無を見る。

③ずれているようなら、電磁石スタンドをプラスチックハンマで軽く叩いて心が合うまでインチング(叩いてわずかに動かすこと)する。

④心が合ったら再び電磁石スイッチを入れて、スタンドをしっかり固定し、穴あけを開始。

図8.27の矢印で示した位置をプラスチックハンマで軽く叩くと、矢印の方向に少し動くので、希望の位置まで何度も叩きます。このような動作を「インチング」といいます。

ここがポイント!

心合わせは電磁石のスイッチを一度切ってインチングを行う

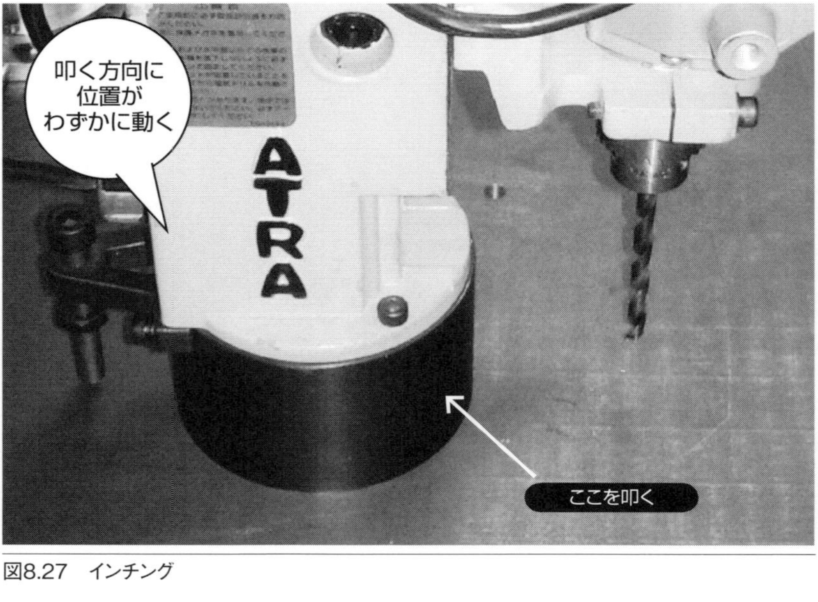
叩く方向に
位置が
わずかに動く
ATRA
ここを叩く

図8.27　インチング

8-5 ジェットブローチ専用電気ドリル

直径50mm程度の穴加工を電磁石固定式電気ドリルで可能にしたのが「ジェットブローチ」です。電磁石式電気ドリルを大形にしたような構造で、基本的な使い方は同じですが、刃物の形状と取り付け方が違います。

電磁石固定式電気ドリルと違うところは、ジェットブローチという専用刃物工具を使うところです。この刃物はワンタッチで脱着ができる優れものです。この機能があるために、電磁石式電気ドリルの使われる場所を広くしています。主軸剛性が高く、大きな直径の穴も楽々加工することができます。**図8.28**は大形鋳物定盤の天板（厚み50mm）に直径

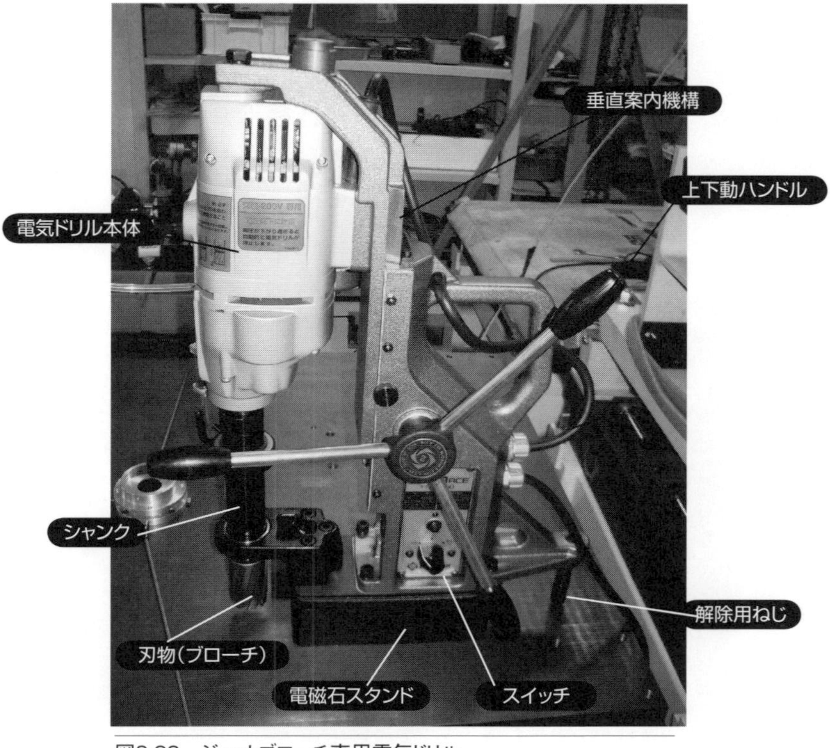

図8.28　ジェットブローチ専用電気ドリル

40mmの穴をあけているときのものです。このように、鉄製の構造物であれば直径50mm程度まで難なく穴加工ができるのです。

図8.29はジェットブローチです。シャンク部分が特殊な形状となっており、専用チャックを併用することワンタッチで脱着できます。

専用刃物(ブローチリーマ)を脱着する手順を紹介しましょう。

①**図8.30**を見てください。ソケットのマークとジェットブローチのシャンク部分の凹みの位置を合わせで押し込みます。上に押し込むだけで自動的に内部の機構が働いて、ジェットブローチの固定を完了。

②**図8.31**に示す部分（マークの付いているリング）を回転すると刃物は離脱。

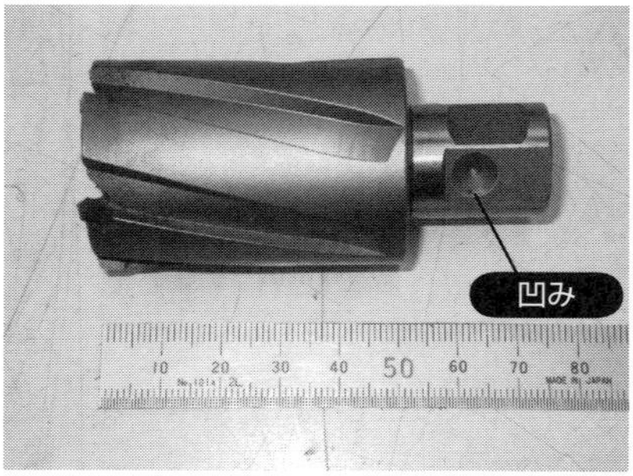

図8.29　ジェットブローチの刃物

ここがポイント！

ジェットブローチの刃物はワンタッチで脱着できる

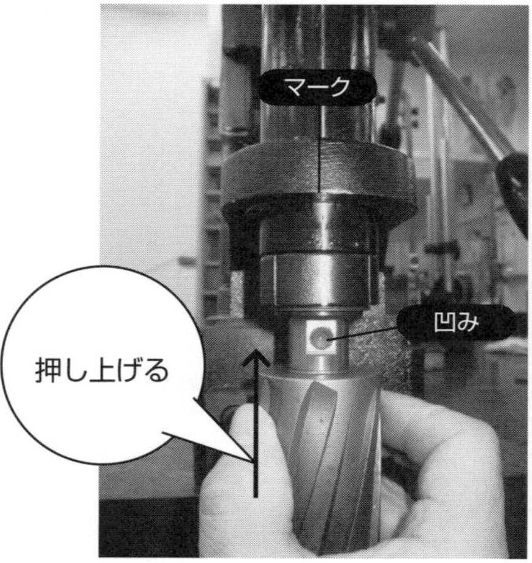

図8.30　刃物の装着

図8.31　刃物の離脱

8-6 進化した電気ドリルのチャック

最近の電気ドリルのチャックはキーレスチャックが多く、**図8.32**のようにトルクリミッタが標準装備されているものもあります。回転数を遅くしてトルクを大きくした電気ドライバ兼用電気ドリルはトルクリミッタが必ず付いているので、これを穴あけ作業の時の貫通の食い込み防止に利用することも考えられます。

機種によってトルク設定が違うので、ドリル直径とトルクの関係を試験によって確認する必要がありますが、食い込みのリスクを低減できるので積極的に利用するとよいでしょう。

トルクリミッタは貫通直前に食い込みが始まったところで機能するように設定します。これによってドリル先端は必要以上に食い込まず、適当なところで停止します。

この後は主軸回転数を下げ、トルク設定を大きくして電気ドリルを振り回されないよう気をつけながら穴あけ作業を進めます。ドリル刃先が食い込んで動かなくなった場合は、ドリルを抜いて、やすりなどで穴を広げ、引っ掛かりを減らしてドリルを貫通させます。

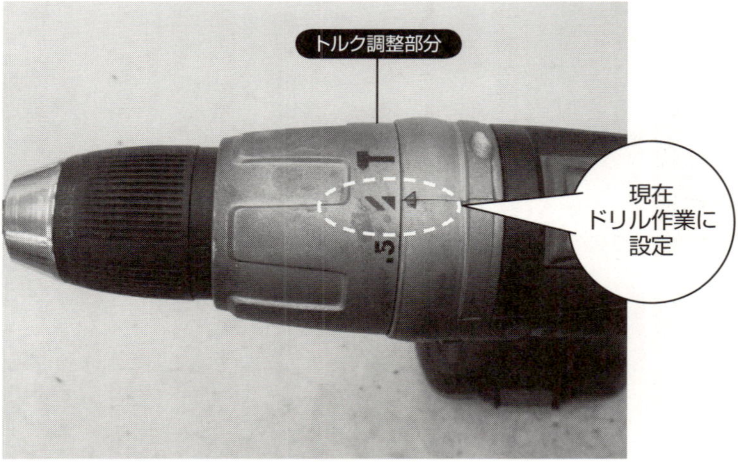

図8.32　電気ドリルのトルク調整

ひとくちコラム

日本の電動工具の素晴らしさ！！

私たちは標高4800mのチリ・アタカマ高原で作業を行いましたが、その時は電気ドリルの連続使用による過熱を心配しました。電気ドリルなどの発熱は空気によって冷却されますが、アタカマ高原は1/2気圧しかありません。これが問題で気圧が低い分、冷却できないのです。

この話を充電式電動工具メーカーにすると、ぜひアタカマで使ってほしいと電気ドリルやディスクグラインダなどの電動工具を提供してくれました。大変ありがたいことで、私たちは実際に使用した時の気象条件や使用感を簡単なレポートにまとめました。

結論をいうと、さすがに日本製は立派でした。現地で販売されている海外製品との比較では、故障率がずっと少ないのです。

たとえば、30分定格と記載されていますので、連続使用時間が30分ということですが、空気が1/2なので、当然30分連続使用は無理ということになります。しかし、実際にはこのような無理な条件でも日本製は過熱で故障することなく使うことができました。ところが海外製品は30分に達するより前に持っていられないほど過熱し、中には動かなくなってしまうものもありました。

比較試験の結果は明白で、日本製品は熱設計に余裕があり、定格を超えた厳しい使用にもある程度耐えることがわかりました。

しかし、この試験は過酷なものなので、皆さんはこの結果を見て30分以上連続使用してもよいと考えないでください。

チリ・アタカマ高原で使った工具

第9章

ドリルの再研磨

9-1 ドリル再研磨の意義

この章では、両頭グラインダを使ったドリル刃先再研磨の方法について詳しく解説しますので、ぜひ皆さんもチャレンジしてみてください。慣れれば、φ4.0mm以上のストレートシャンクドリルであれば1分以内で刃先の整形とシンニングを終えることができます。

それから、普及率の高い「DOL-KEN」(CDKという再研磨専用の小形工具研磨盤を使った刃先再研磨と、薄板専用蠟燭《ろうそく》ドリルのつくり方を解説します。

この章を参考に、みなさんもドリル刃先の再研磨に挑戦してみてください(**図9.1**～**図9.4**)。なお、この章は名古屋大学のHPに公開しているものをベースに加筆したものです。

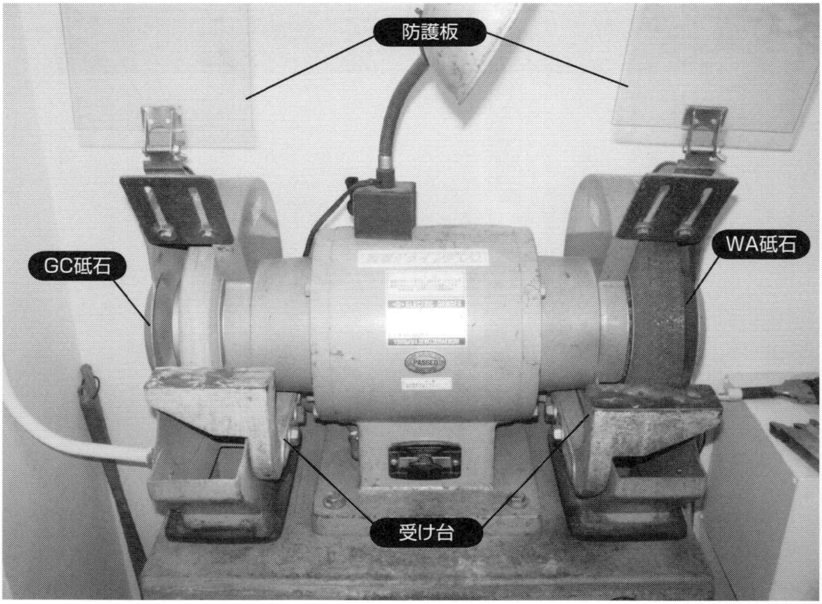

図9.1　両頭グラインダ

図9.2　DOL-KEN

図9.3　大口径ドリルの再研磨

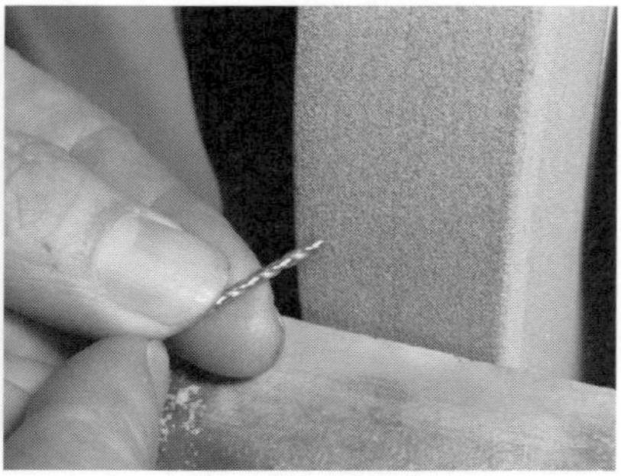

図9.4　小口径ドリルの再研磨

ここがポイント！

ドリルは再研磨して使おう

9-2 ドリル刃先形状

市販のドリルの先端角は118° となっています。これは鋼鉄に穴あけ作業するときに最適な値です。

先端の角度は被削材に応じて変えるために再研磨する必要があります。

アルミニウムや銅の加工用には先端角度を90° ～100° にします。鋳《い》物《もの》や真鍮《しんちゅう》のようなもろい合金には120° ～130° がよいとされています(**図9.5**)。

薄板やプラスチックには「蠟燭ドリル(**図9.6**)」と呼ばれる特殊な形状のドリルが有効です。真円度が良く裏側の割れの生じない穴加工ができます。**図9.7**はドリルスタンドの「蝋燭ドリル」です。

ここがポイント!

❶**標準ドリル(鉄鋼用)の刃先角度は118°**

❷**薄板の穴加工には蠟燭ドリルを使う**

❸**標準ドリルの刃先形状を詳しく見てみよう**

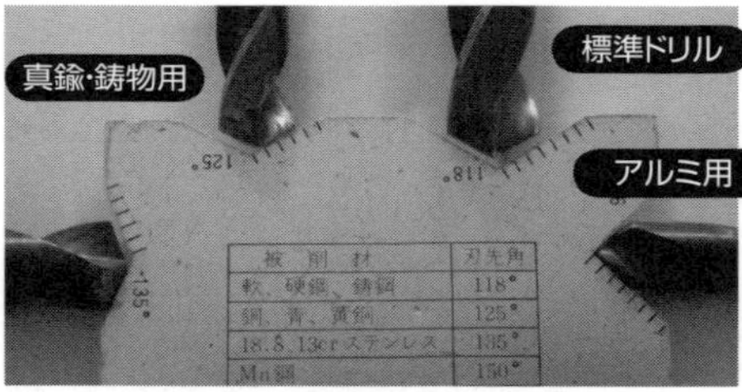

図9.5　ドリル刃先角度の違い

図9.6　蠟燭ドリル

図9.7　ドリルスタンドの蝋燭ドリル

図9.8は「逃げ角」と「すくい角」の関係を示しています。すくい角はドリルにねじれ角に等しいので、再研磨で形成するのは逃げ角です。

図9.9は先端角度です。標準ドリル(鉄鋼用)は118° ですが、自分で研磨できるようになれば図9.5のように用途に応じて自由に刃先角度を変えることができます。

ドリル刃先を正面から見ると**図9.10**のようになります。

標準ドリルの新品にはシンニングがないので、これも自分で付けます。これがないとチゼル幅が広くセンターポンチの打痕を外すことがあります。

ここがポイント!

❶新品のドリルはシンニングされていない
❷シンニングは自分で付ける

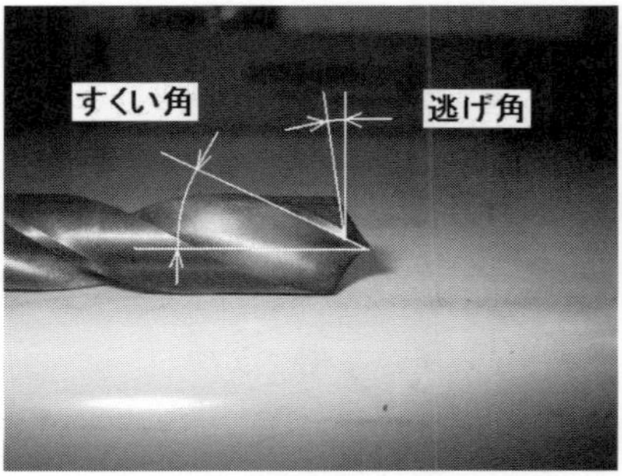

図9.8 ドリルの逃げ角とすくい角

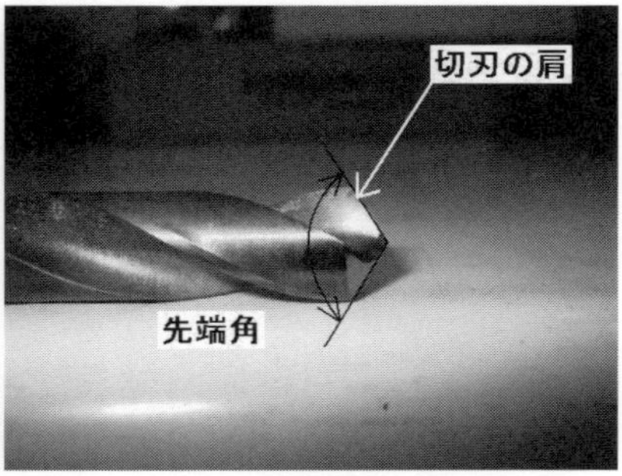

図9.9 ドリルの刃先角度

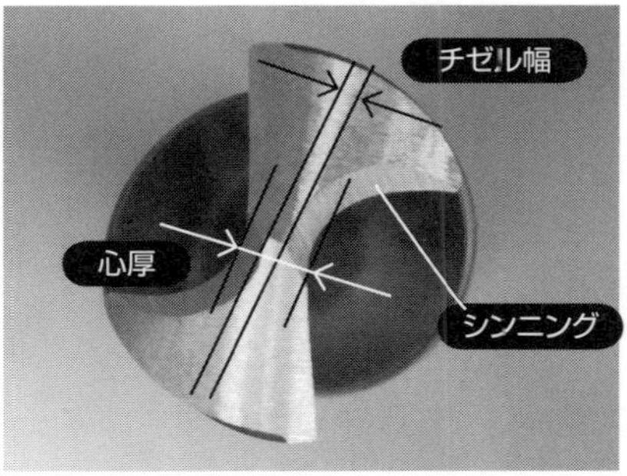

図9.10 ドリル刃先の正面

9-3 両頭グラインダを使う前の準備

両頭グラインダは砥石が高速回転するので、使い方を誤ると大事故になります。事故や健康被害を防止するため、労働安全衛生規則で安全な使い方が決められています。必ず労働安全衛生協会などの主催する「特別教育」を受けてから、使うようにしてください。

図9.11に示す安全メガネと防塵マスクはかならず付けてください。

図9.12のように、防護板（アクリル板）を下げ、砥石の正面ではなく斜め横に立って、受け台に手を載せてドリルを保持します。両頭グラインダは右にWA砥石、左にGC砥石、それぞれに受け台と防護板（アクリル板）が付いています（**図9.13**、**図9.14**）。

準備作業—1　両頭グラインダの始業点検

特別教育であげているグラインダの始業点検をまとめて紹介します。

①目視：受け台と砥石の隙間が3mm以下であること

図9.15を見てください。砥石との間隔を測って、広ければ**図9.16**のように隙間を狭くします。隙間は狭い方が安全です。

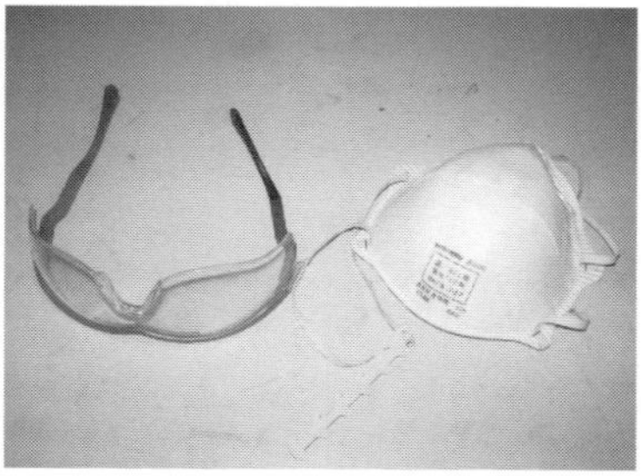

図9.11　安全メガネと防塵マスク

図9.12　立ち位置と防護板

②スイッチを瞬間ONにして回転開始時に大きな揺れがないことを確認、このとき、グラインダの正面に立たず、万が一の事故に備える。

③揺れがなければ連続ONとし、1分ほど空運転する。これを「保安運転」といい、始動前に必ず実施する。この間、作業者は砥石が破損して飛散しても安全な場所にて待機。

④回転が遅くなっていく過程で大きな揺れなどが起きないことを確認。

ここがポイント!

以下は両頭グラインダを安全に使うための必須事項

❶「自由研削砥石特別教育」を受講する

❷運転する前に必ず「始業点検」を行う

❸砥石と受け台の角間を3mm以下にする

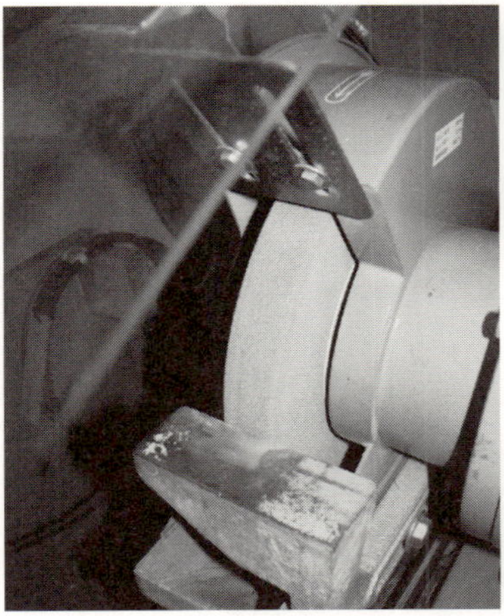

図9.13　GC砥石（左側）

図9.14　WA砥石（右側）

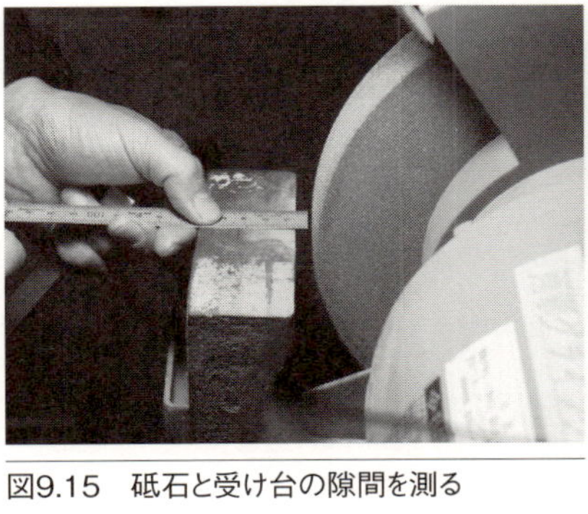

図9.15　砥石と受け台の隙間を測る

図9.16　受け台の調整

準備作業―2　ドレッシング

WA砥石は結合度がやや硬めなので目詰まりが多くなります。この場合のドレッシングは砥石研磨面の整形というよりは目詰まり部分を脱落させることが目的なので、**図9.17**のように目詰まり脱落用のドレッサを使います。

GC砥石は結合度を低くするので砥石表面の消耗が多く、すぐに凸凹になってしまうため、金剛砂砥石による整形ドレッシング（**図9.18**）が中心となります。

さて、これで準備が整いました。いよいよ両頭グラインダを使って、φ10.0mmのストレートドリル刃先を整形・研磨してみましょう。

ここがポイント!

❶ドリル研磨の前にドレッシングをお忘れなく!!
❷WA砥石、GC砥石専用のドレッサ工具を使う（図9.19、図9.20）

図9.17　目詰まり解消ドレッシング

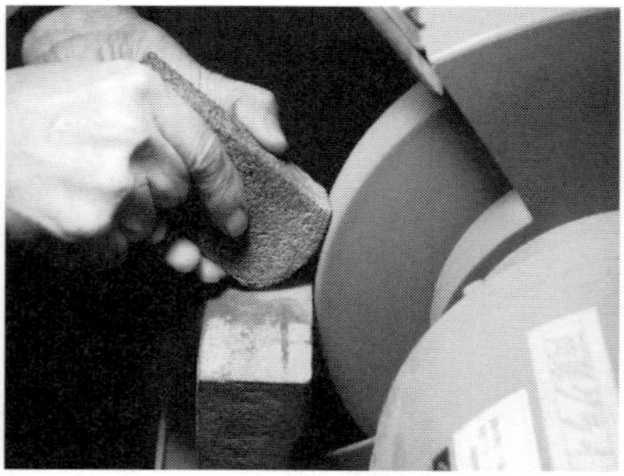

図9.18　GC用整形ドレッシング

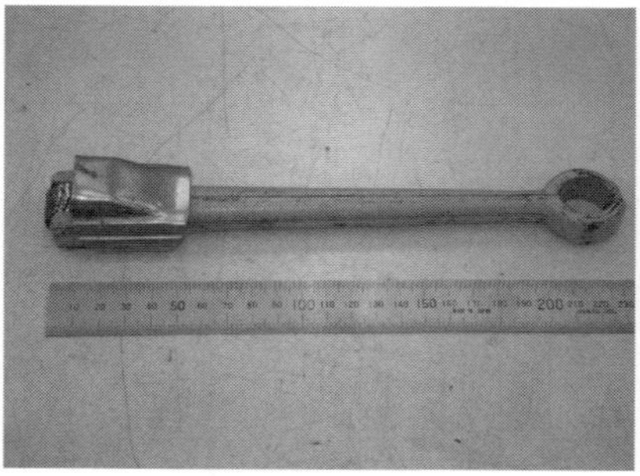

図9.19　WA砥石用ドレッサ

図9.20　GC砥石用ドレッサ

9-4 φ10mm程度のドリルを使って練習する

捨てられそうなφ10.0mm程度のドリルを1本探してきましょう。工具箱の角やツールワゴンの引き出しの中に転がっていると思います。

図9.21を見てください。受け台と手で持っているドリルの角度を目安にします。図ではわかりやすいように大口径のドリル刃先を当てました。

図9.22は横から見たところです。このように左手を受け台の下に入れてドリルを支え、右手でシャンク部分を掴みます。このようにすると、左側の砥石では砥石の正面に立たなくてすみます。右側のWA砥石を使っても同じように研磨できます。この場合は左右の手を変えることで砥石の正面に立たずにすみます。

とにかく、図9.8、図9.9のドリル刃先の形状、先端角とすくい角をよく頭に入れておきます。ドリルの先端角（開き角）、切れ刃の前逃げ角、すくい角はねじれ溝の角度に依存しています。チゼルの厚さ、シンニングの形状などです。

ここがポイント！

φ10.0mm程度のドリルで練習するのがよい

図9.21　砥石と刃先角度（真上から）

図9.22　砥石と刃先角度（横）

（1）逃げ角を確保してから引き上げる方法

両頭グラインダにドリル先端を当てる練習では、グラインダと止めた状態で、先端角とすくい角をよく確認しながら行います。

練習用に準備したφ10mm程度のドリル刃先を実際に止まっているグラインダの砥石面に当ててみてください。

私のやり方は、最初に自分のイメージした刃先角度で切れ刃を先に砥石に当ててから、ドリルを時計回りに回転させながら刃先を上に引き上げて、逃げ面を整形する手順です。左手でドリルを支え、逃げ面を砥石に当てながらすりあげ、シャンク部を持っている右手を時計回りにねじります（**図9.23～図9.25**）。

自分一人では角度が正しいかどうかがわかりにくいので、二人一組で互いに見て指摘しあいながら練習することをお勧めします。

図9.23　スタート

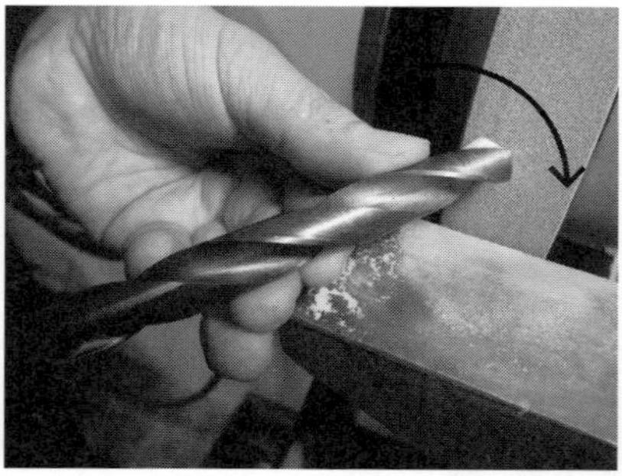

図9.24　時計方向に回しながらせり上げて

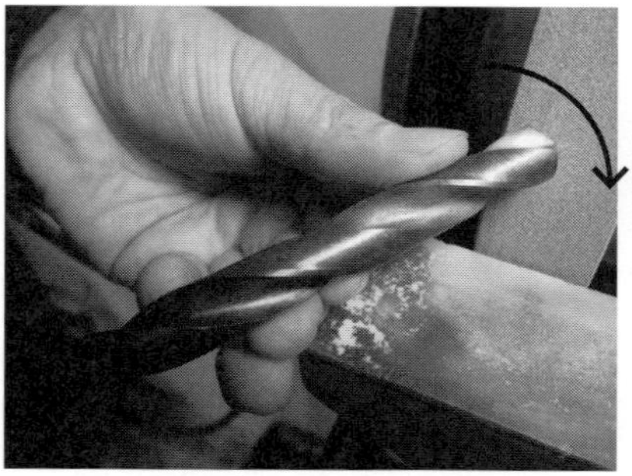

図9.25　逃げ面を形成し終了

ここがポイント！

❶止めたグラインダを使ったイメージトレーニングで角度を覚える
❷二人一組で互いに動作を確認しあうとよい

（2）逃げ角を確保してから引き上げる方法

切れ刃側から研磨する順とは反対に、逃げ面の一番下から刃先に向かう手順でも同じように研磨できます。左右の手を変えても同じように研磨できるので、右手でドリル刃先、左手でシャンク部分を持った状態で、逃げ面の下から研磨する手順を図9.26～図9.28に示します。

この方法は右手の親指の使い方が重要です。反時計回りにシャンク部を回すと同時にドリルの逃げ面が砥石をなめるように右手親指を左に寄せていきます。

どちらの方法でも、ドリル刃先の逃げ面を検索することに変わりはありません。これらの動きは、両頭グラインダを止めた状態で、実際にドリルを手に持って、イメージに近づくように何回も動かす練習をします。

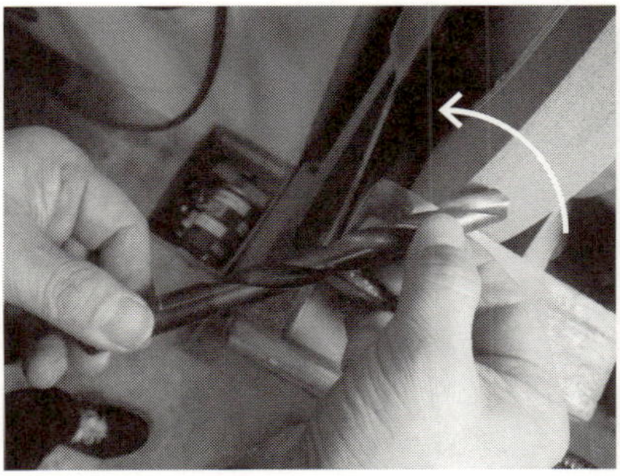

図9.26　逃げ面の下からスタート

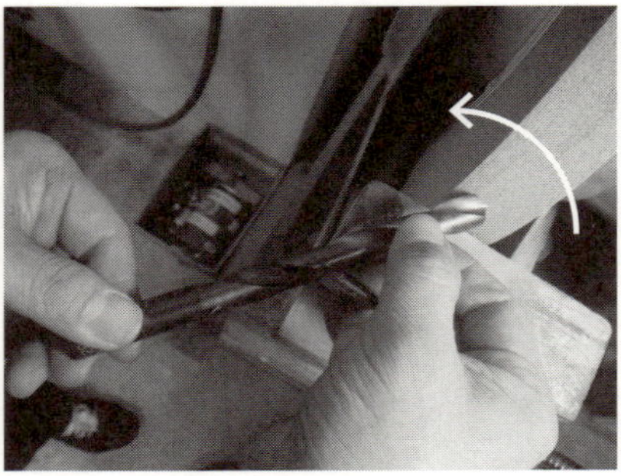

図9.27　反時計方向にねじりながら

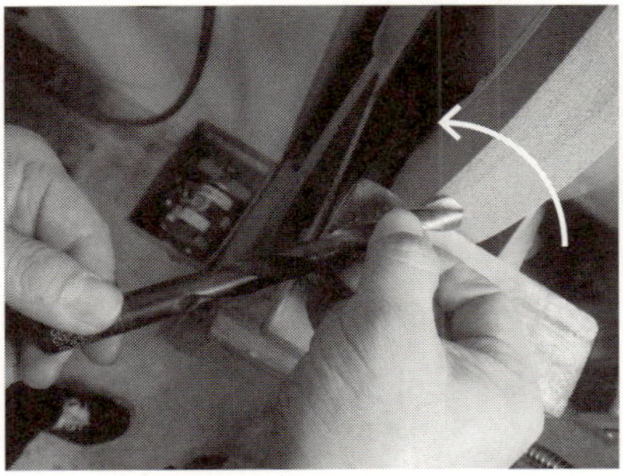

図9.28　右手親指も反時計まわり

ここがポイント！

❶ドリルの動かし方は同じなので左右どちらで持ってもできるように

❷ねじりと同時にあおりをいれるのがコツ

9-5 シンニング

シンニングは**図9.29**に示すように砥石の角を使います。ここに**図9.30**のようにドリルのねじれ溝の部分を当てるのですが、ドリル径が小さいと砥石の角が丸くなっているのでシンニングのRに合わなくなります。φ3.0mm以下の小径ドリルのシンニングはグラインダの角をシャープに出して行います。

図9.31にシンニング作業の様子を示します。**図9.32**はシンニングが完了したドリルの先端です。このように中心に山の頂点ができているとよいでしょう。

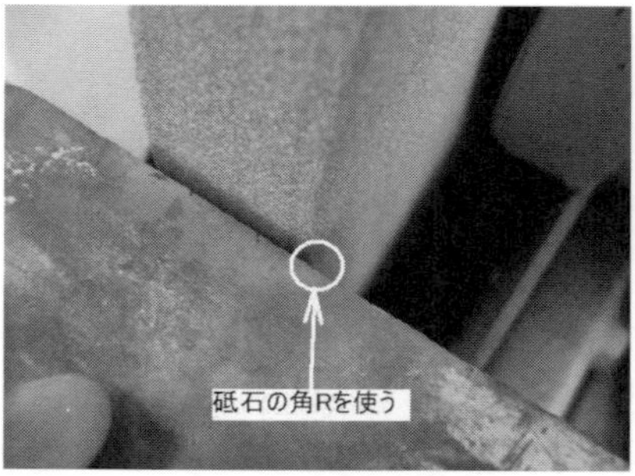

図9.29　シンニングは角を使う

図9.30　砥石とドリルの位置関係

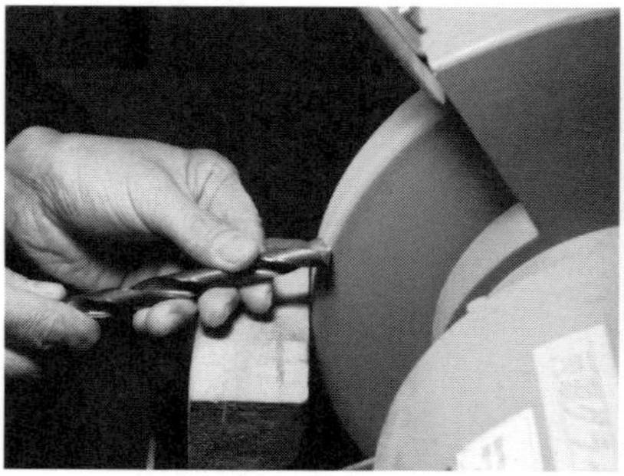

図9.31　シンニング作業

図9.32　シンニング後のドリル先端

9-6 蝋燭ドリルのつくり方

第2章で紹介した蝋燭ドリルのつくり方を紹介します。蝋燭ドリルはシンニングと同様、グラインダ砥石の角を使います。

蝋燭ドリルの先端は**図9.33**のような形になっています。ドリルの刃先を**図3.34**のようにグラインダ砥石の角に当てます。**図9.35**のようにドリル刃先を研磨していくと、中央のチゼルの幅だけ先端が薄く残りますので、**図9.36**のように、溝にそってチゼル部分をシンニングします。

ここがポイント！

❶蝋燭ドリルの整形·研削はグラインダ砥石の角を使う
❷蝋燭ドリルのシンニングはねじれ溝を覗くように

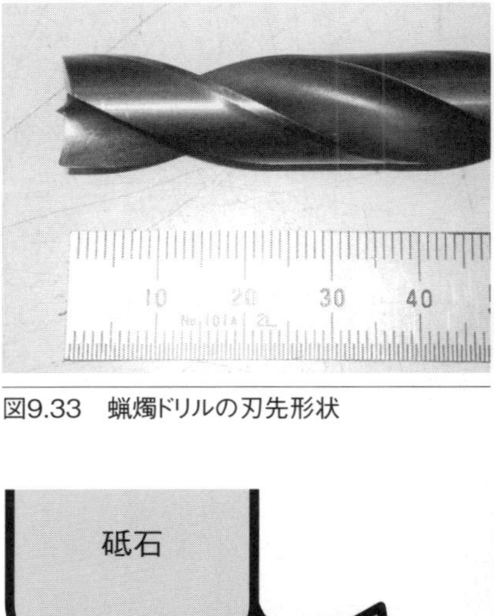

図9.33　蝋燭ドリルの刃先形状

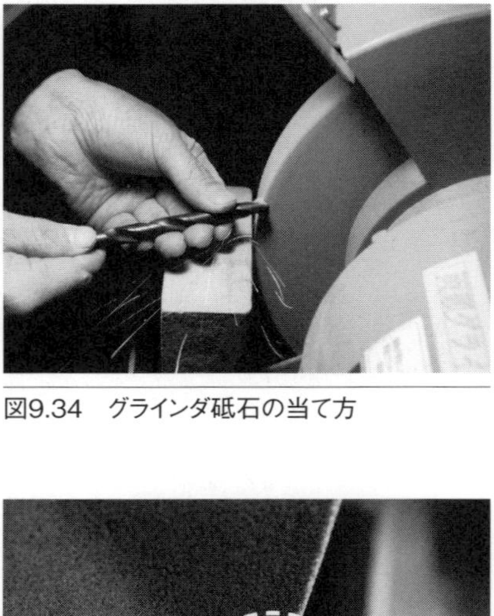

図9.34　グラインダ砥石の当て方

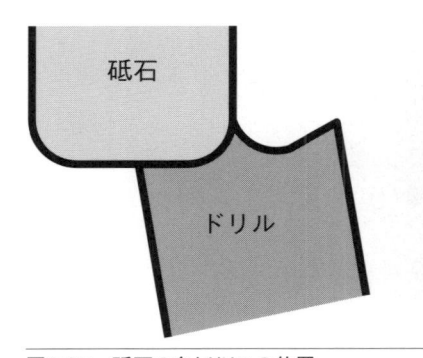

図9.35　砥石の角とドリルの位置

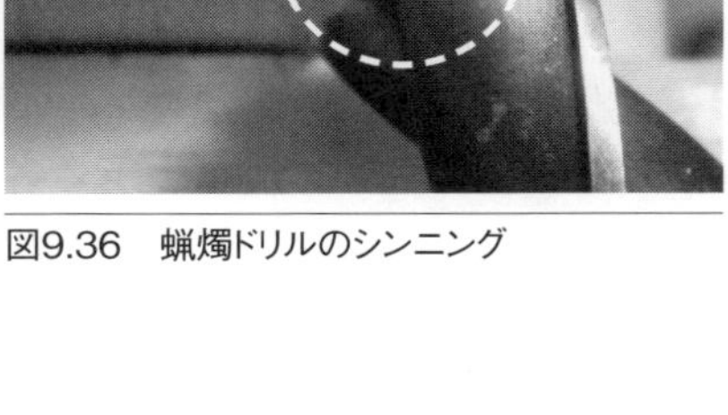

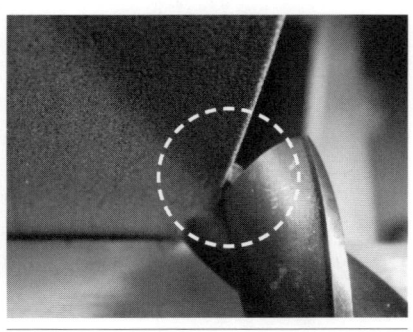

図9.36　蝋燭ドリルのシンニング

9-7 刃先が大きく破損したドリルの修正方法

図9.37のように刃先が大きく破損した場合は、その分たくさん削らないと刃先が形成できません。さらに、**図9.38**のようにねじれ溝の刃まで損傷した場合は破損部分を切断したうえで、改めて刃先を形成します。

図9.39〜**図9.40**のように破損した先端部分を切断し、新たに刃先を形成します。

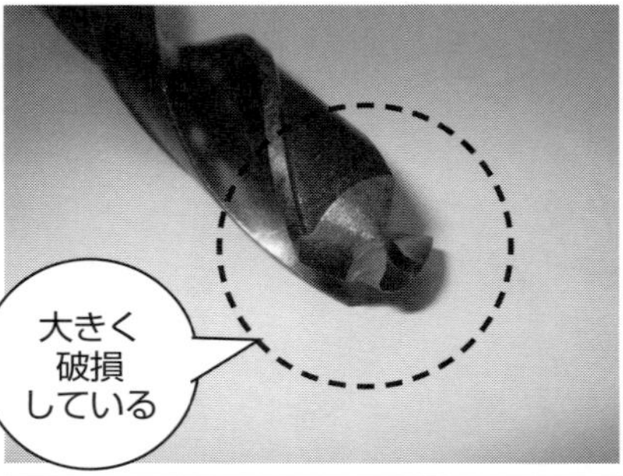

図9.37　刃先が破損したドリル

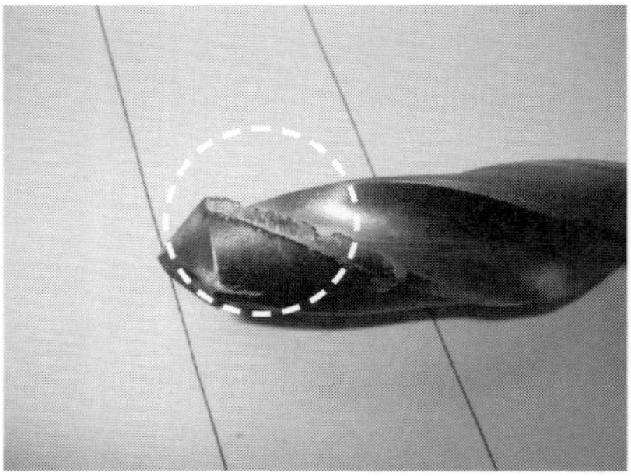

図9.38　ねじれ溝も破損したドリル

図9.39　切断した刃先

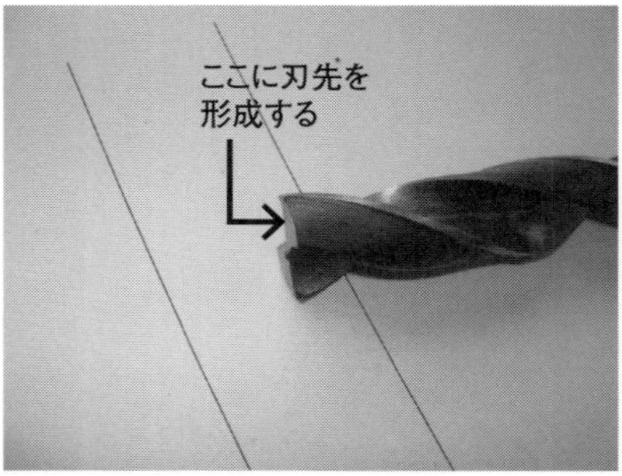

図9.40　ここに刃先を形成する

ここがポイント！

刃先が大きく破損した時は切断する

9-8 DOL-KENによる標準刃先の整形

DOL-KENは最も普及しているドリル刃先専用研磨盤です。DOL-KENを使うと初心者にも比較的簡単にドリル刃先の再研磨ができます。

DOL-KENは安価なドリル専用研磨盤ですが、初代のDOL-KENから見ると現在販売されているDOL-KENはずいぶん改良されて、使い勝手もよくなっている反面、価格が上がって、町工場や学校現場では手が出しにくい価格になってしまったのが残念です。砥石がWAからCBN(電着)にグレードアップされていますが、基本的な機能がシンプルにまとめられた初代のDOL-KENがよいという人も多いと思います。

この節ではDOL-KENを使いこなすポイントを紹介していきます。

DOL-KENの各部の名称と機能を説明しましょう(**図9.42**)。

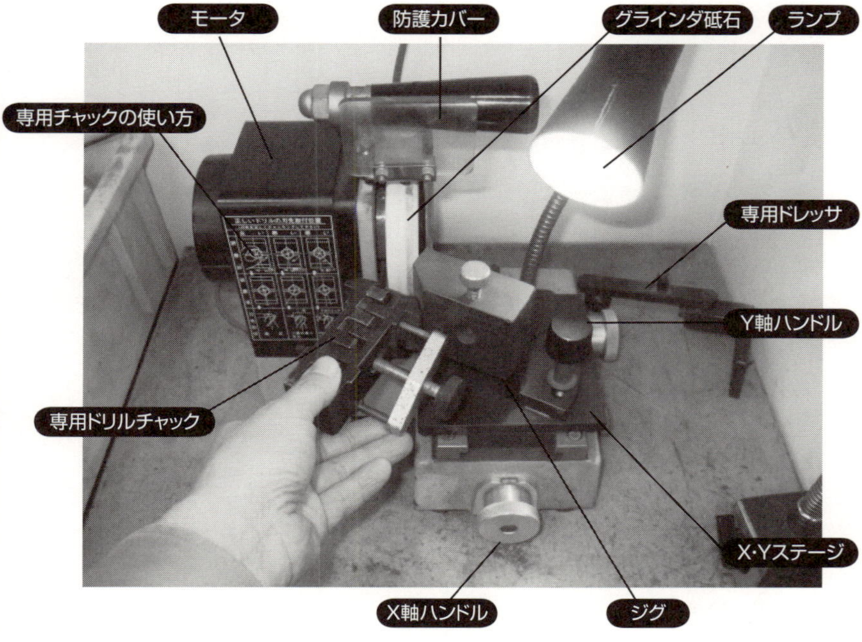

図9.42　DOL-KENの各部の名称と機能

前の図ではわかりにくい部分を、図9.43～図9.46に示します。

図9.43　DOL-KENの側面

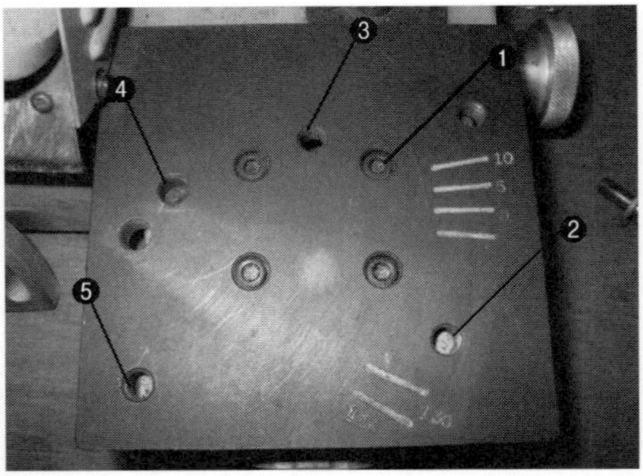

❶蝋燭形のねじ穴　❷標準形のねじ穴　❸ドレッサ（側面）のねじ穴　❹標準形のピン穴　❺ドレッサのねじ穴

図9.44　DOL-KENのテーブル上面

図9.45　専用ドリルチャック

図9.46　専用ドレッサ

(1) 最初にドレッサで砥石を整形

砥石の同じ場所ばかり使っていると砥石の一部分のみが減って溝ができてしまうので、砥石の整形（ドレッシング）は必ず必要になります。

DOL-KENは専用のドレッサが付属しているので、**図9.47**のようにドレッシングツールを所定の位置に取り付けて、砥石を回転させ、アーム上の金具の中央にあるダイヤモンドで砥石表面をなでるようにします。

砥石の右横側もドレッサで整形します。

砥石の整形で大切なことは、ドレッシングツールで砥石を削りすぎないことです。一回のドレッシングは必要最小限にとどめるべきです。

ここがポイント！
DOL-KENには専用のドレッサが付いている

図9.47　専用ドレッサ取り付け

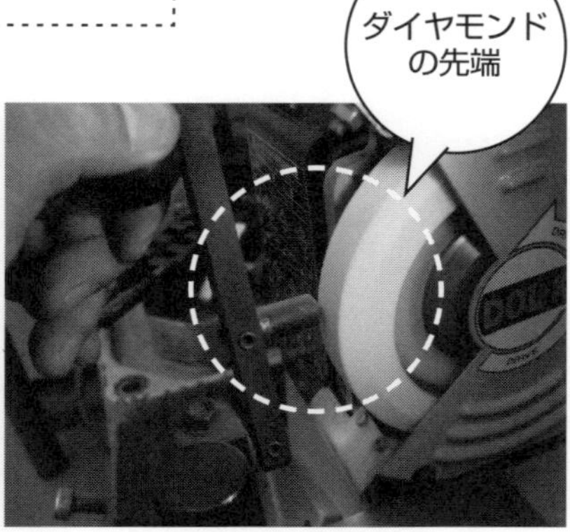

図9.48　砥石表面をなでる

図9.49　横面整形時のドレッサの位置

図9.50　横面の整形

(2) DOL-KENによる標準(118°) ドリルの研磨

まずは標準の118° で整形・研磨する位置に専用治具を取り付けます(**図9.51**)。DOL-KENの治具を**図9.52**のように取り付けます。この位置は刃先の先端角度に合わせます。

専用治具の上部のピンに専用ドリルチャックの穴を合わせて、**図9.53**のように手であおります。

専用ドリルチャックは左右対称にできるようにガイド穴が付いていますので、ドリルの2枚の刃先を正確に対称に整形・研磨できます。アルミニウム合金や銅合金など先端角を105° に、鋳鉄や真鍮は先端角を130° 程度にします。

ここがポイント!
DOL-KENは正確に左右対称の刃先を形成することができる

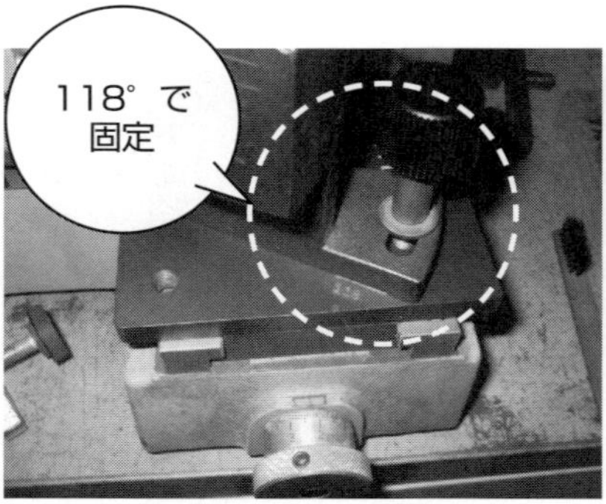

図9.51 専用治具の取り付け(118°)

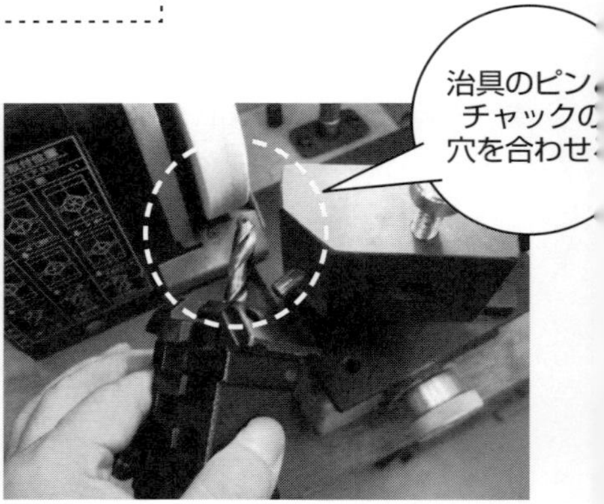

図9.52 ドリルチャックを挿入

図9.53 チャックを手であおる

図9.54 左右対称のドリル刃先

(3) DOL-KENによる蝋燭ドリルの研磨

次に、DOL-KENで蝋燭ドリルをつくってみましょう。DOL-KENが優れているのは蝋燭ドリルを簡単につくれることです。

図9.55のようにテーブルに専用治具を固定します。そして、**図9.56**のようにドリルチャックを装着し、**図9.57**のようにドリル先端とグラインダ砥石の位置関係をX・Yテーブルで調整します。あとは標準ドリルの時と同じです。ドリルチャックを手であおってドリルの逃げ面を研磨します。

小径の蝋燭ドリルは整形が難しく、φ4.0mmが限界です。丁寧にドレッシングするか、砥石をBNにすればφ3.0mmもできるでしょう。

ここがポイント!

蝋燭ドリル(図9.58)は、DOL-KENを使うと容易に整形・研磨できる

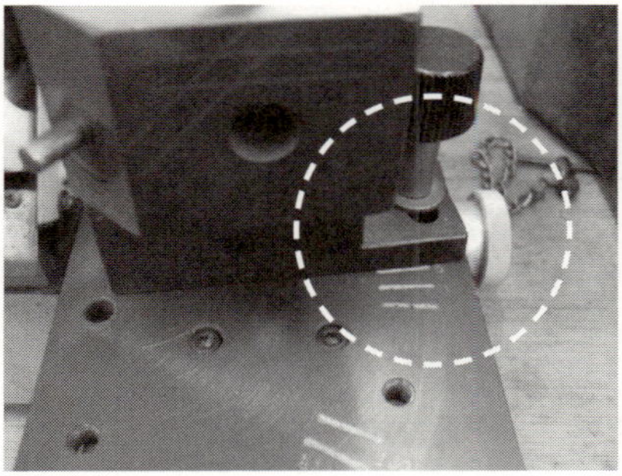

図9.55　蝋燭形のジグ取付位置

図9.56　ドリルチャックを装着

図9.57　ドリルに砥石の角を合わせる

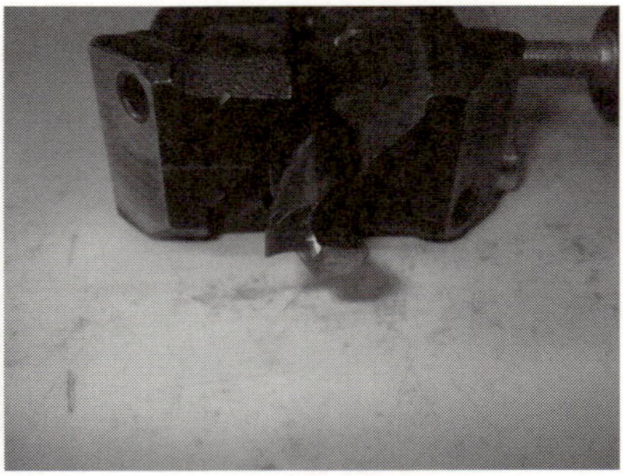

図9.58　完成した蝋燭ドリル

(4) DOL-KEN専用ドリルチャックの使い方

DOL-KENは比較的簡単に、精度の良い標準ドリルと蝋燭ドリルの整形・研磨ができます。その秘密は専用のドリルチャックにあります。

このドリルチャックは、ドリル刃先を左右対称に整形できる基本機能があり、DOL-KENの最重要部分なので、少し詳しく説明します。

DOL-KEN本体には**図9.59**のような「正しいドリルの取付位置」の説明があります。**図9.60**は専用ドリルチャックの前面です。このドリルチャックは櫛で左右が噛み合うようになっており、左のねじで締め付ける

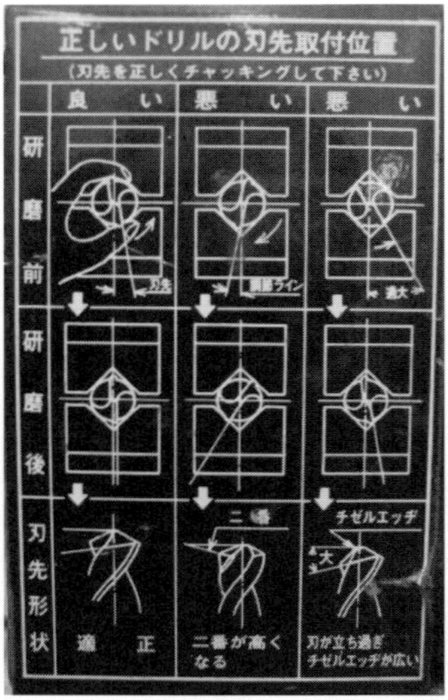

図9.59　ドリル取付位置の説明

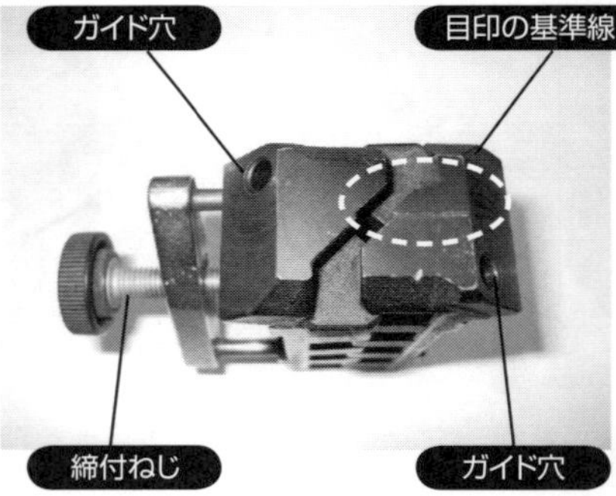

図9.60　専用ドリルチャックの前面

図9.61　ドリルの突き出し長さ

図9.62　ドリルの取付位置

ようになっています。ドリルの突出し長さは15～20mm程度です（**図9.61**、**図9.62**）。

ドリルチャックには目印となる基準線があります。この基準線とドリル刃先の稜線が、**図9.63**のように刃先を反時計回りに5° 程度傾けて取り付けることが重要です。細いドリルは刃先の稜線が見にくいので、ルーペなどでしっかり確認します。

ドリル刃先の逃げ面の形状は突き出し長さによって変わります。突き出しが長いとグラインダに当てたときに剛性不足で跳ね返されてしまい、うまく研磨できなくなります。細いドリルは突き出し長さを短くするのですが、専用ドリルチャックとグラインダが干渉するので、15mmが限界でしょうか。DOL-KENで研磨できるのはφ2.0mmが限界でしょう。

ここがポイント！

❶ドリルチャックの基準線とドリル刃先の角度は反時計回りに5°傾ける
❷ドリルの突き出し長さが長いとうまく研磨できない

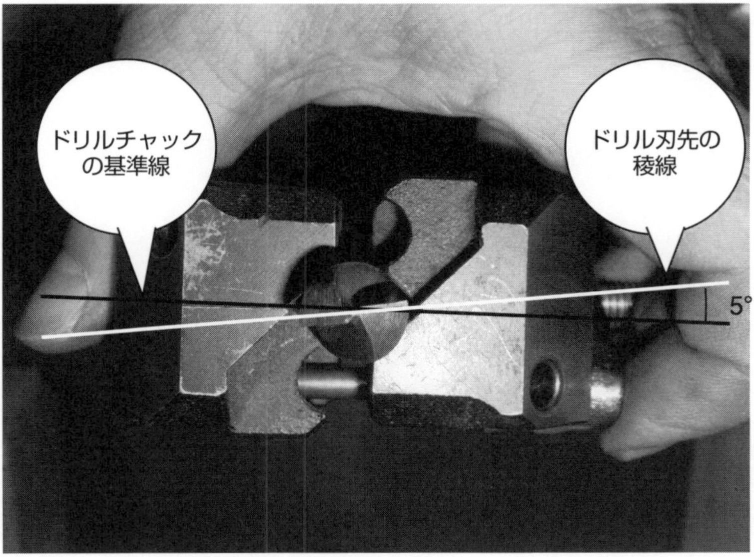

図9.63　研磨前のドリルの取付位置

索引

な

は

ま・や・ら

著者略歴

河合利秀 (かわい としひで)

名古屋大学　全学技術センター　教育研究技術支援室　装置開発系所属

1953 年生まれ
1973 年　愛知県立名南工業高校電気科卒業
1973 年　名古屋大学理学部物理金工室技術補佐員
1974 年　同所にて文部技官
2004 年　国立大学法人名古屋大学となり、全学技術センター　教育研究技術支援室　装置開発系　技術専門員

旋盤・フライス盤による工作技術を中心に、名古屋大学理学部物理学科のさまざまな実験装置の製作・試作を担当、機械工作実習で学生（主に大学院修士課程）を指導。1980 年代の B 粒子検出実験（CERN:WA75）の標的駆動装置を三鷹光器と協力して開発したことが契機となり、それ以後、ニュートリノ振動実験や赤外線望遠鏡および電波望遠鏡とその観測装置の開発を中心に、素粒子天文物理学における各種実験装置や観測装置を製作。

金工室の技術を紹介したホームページ「実験装置を作るための工作教室」（http://www.tech.sci.nagoya-u.ac.jp/machine/howto/Howtojob.html）の「旋盤加工の基礎」や「バイトのいろいろ」などは Google や Yahoo の検索で常に上位にあるので参考にしていただきたい。

著書：「目で見てわかる測定工具の使い方」（2008 年）、「目で見てわかる治具・取付具の使い方」（2009 年）、「目で見てわかる切削バイトの選び方・使い方」（2011 年）——いずれも日刊工業新聞社から発行

NDC 532

目で見てわかる穴あけ作業

定価はカバーに表示してあります。

2013 年2 月26 日　初版 1 刷発行

ⓒ著者　河合利秀
発行者　井水 治博
発行所　日刊工業新聞社　〒103-8548 東京都中央区日本橋小網町14番1号
書籍編集部　電話 03-5644-7490
販売・管理部　電話 03-5644-7410　FAX 03-5644-7400
URL　http://pub.nikkan.co.jp/
e-mail　info@media.nikkan.co.jp
振替口座　00190-2-186076

企画・編集　エム編集事務所
本文デザイン・DTP　志岐デザイン事務所（大山陽子）
印刷・製本　新日本印刷㈱

2013 Printed in Japan　落丁・乱丁本はお取り替えいたします。
ISBN　978-4-526-07016-7　C3053